中学入試にでる順

改訂版

「理科」

力・運動・電気・光、物質・エネルギー

監修 相馬 英明（スタディサプリ講師）

＊この本には「赤色チェックシート」がついています。

＊この本は、2019年に小社より刊行された
『中学入試にでる順 理科 力・運動・電気・光、物質・エネルギー』の改訂版です。

KADOKAWA

はじめに

この本を手に取った君たち，理科の入り口へようこそ！　この本は，入試問題をもとにして，単元ごとに，入試によく出る内容から順番に並(なら)んでいるので，効率よく実力をつけられます。改訂にあたって，解説部分により多くの情報を入れてボリュームアップしました。これで，最新の入試問題に対しても，幅広く対応できるようになりました。

力・運動・電気・光（物理）分野について

《力・運動・電気・光》の分野の学習法で一番大切なのは，それぞれの単元ごとの約束やルールを，しっかりと理解していくことです。

例えば「光」の単元で，鏡に映(うつ)った像の数を求める問題が出たら，2枚(まい)の鏡を合わせた角度が大切です。90度なら3つ，60度なら5つ，45度なら7つの像がそれぞれできます。30度なら，11の像ができます。「360÷合わせた角度－1」を使うと像の数が求められるのです。「360度÷合わせた角度」を計算すると鏡の中がいくつの部屋に分かれるかを求めることができ，そこから実物の1を引いてあげると像の数になります。面白いですよね。

例えば「運動」のふりこの問題で周期を聞いてくる問題。実はふりこの周期はふりこの長さにしか影響(えいきょう)を受けないことがわかっています。だから25cmのふりこの周期は1.0秒であることを覚えていれば，それだけで計算問題を解くこともできます。100cmのふりこの周期は長さが4倍になるとふりこの周期は2倍になるので2.0秒，225cmのふりこの周期は長さが9倍になるとふりこの周期は3倍になるので3.0秒というように簡単(かんたん)に求められます。同じように，50cmのふりこの周期が1.4秒とわかっているとき，200cmのふりこの周期を求められます。2.8秒になりますね。ふりこの周期は，その振(ふ)れ幅(はば)を変えてもおもりの重さを変えても変わらず，長さだけで変化することを覚えておきましょう。

また，「てこ」の単元では，どうしてもわからない問題に出会ったら，支点を変えてみましょう。てこの問題は支点をどこに変えても解けることを知っていて欲(ほ)しいです。わからない重さが2か所ある場合には，そのどちらかを支点にすることで必ず解くことができます。また，距離(きょり)がわからない問題に出会ったら，わからない距離の端(はし)に支点を置くことで必ず解くことができます。これらのことを知っているだけで，てこの問題は圧倒的(あっとうてき)に解きやすくなります。

物質・エネルギー（化学）分野について

《物質・エネルギー》の分野を学習するうえで一番大切なのは，化学反応によって起こる物質の重さの変化の計算の仕方です。

まず，知識の整理ですが，混ぜると酸素が発生する物質の組み合わせはわかりますか？　二酸化マンガンに過酸化水素水を加えると発生しますよね。このときの反応では二酸化マンガンはまったく重さが変化せず，過酸化水素だけが分解します。次に，二酸化炭素が発生する組み合わせはどうでしょう？　石灰石に塩酸を加えると発生しますね。このときの反応では石灰石と塩酸がたがいに反応し合って二酸化炭素が発生します。さらに，水素が発生する組み合わせはどうでしょう？　塩酸とアルミニウム，塩酸と鉄，水酸化ナトリウム水溶液とアルミニウムといろいろな組み合わせ方があります。このときの反応もたがいに反応し合って水素が発生します。

ところで，石灰石にふくまれる主成分の名前は何か覚えていますか？　炭酸カルシウムですね。石灰水に溶けている物質の名前は何か覚えていますか？　水酸化カルシウムですね。では，重曹の主成分は何ですか？　炭酸水素ナトリウムですね。似たような成分の名前も区別しておく必要があります。

さて，計算問題の考え方ですが，例えば，10gの石灰石に塩酸20cm^{3}がちょうど反応して二酸化炭素が1.2L発生する反応があったとしましょう。「20gの石灰石に60cm^{3}の塩酸を加えると発生する二酸化炭素は何Lになるのか求めなさい」という問題が出たらどうやって解きますか？　石灰石はわかっている情報の2倍，塩酸はわかっている情報の3倍。ここで大切なことは，少ない方は反応に使い切られて，多い方は余って残ってしまうことです。だから二酸化炭素は2倍の2.4L発生して塩酸が20cm^{3}余ります。このようにして計算問題を解いていきます。

学習方法について

まずは覚えていない知識を徹底して整理し，暗記していきましょう。この本は効率のよい順番に並んでいるので，順番に学習すれば穴埋めは簡単にできるようになります。計算問題に出会ったら実際に計算を行うことで力をつけていくことができるでしょう。しっかりと学習して自分のものとしていってほしい。がんばれ！

監修　相馬英明

本書の特長と使い方

この本の特長

❶ 最新の入試分析にもとづく“でる順”でテーマを掲載

❷ 要点＋演習で，効率的に学べる

❸「入試で差がつくポイント」で，“思考力”“応用力”を鍛えられる

この本の使い方

［要点＋演習で学ぶページ］

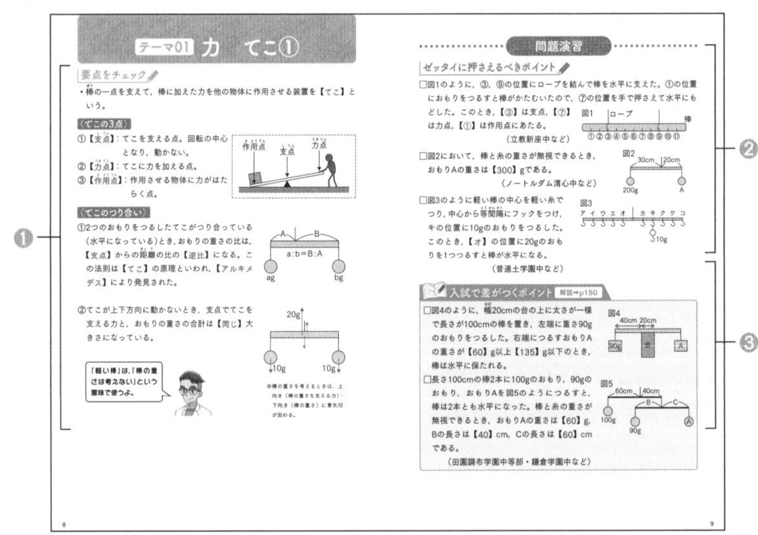

テーマ01 力　てこ①

要点をチェック

・棒の一点を支えて，棒に加えた力を他の物体に作用させる装置を【てこ】という。

〈てこの3点〉

①【支点】：てこを支える点。回転の中心となり，動かない。

②【力点】：てこに力を加える点。

③【作用点】：作用させる物体に力がはたらく点。

〈てこのつり合い〉

①2つのおもりをつるしたてこがつり合っている（水平になっている）とき，おもりの重さの比は，【支点】からの距離の比の【逆比】になる。この法則は【てこ】の原理といわれ，【アルキメデス】により発見された。

②てこが上下方向に動かないとき，支点でてこを支える力と，おもりの重さの合計は【同じ】大きさになっている。

※棒の重さを考えるときは，上向き（棒の重さを支える力）・下向き（棒の重さ）に青矢印が加わる。

問題演習

ゼッタイに押さえるべきポイント

□図1のように，③，⑨の位置にロープを結んで棒を水平に支えた。①の位置におもりをつるすと棒がかたむいたので，⑦の位置を手で押さえて水平にもどした。このとき，【③】は支点，【⑦】は力点，【①】は作用点にあたる。

（立教新座中など）

□図2において，棒と糸の重さが無視できるとき，おもりAの重さは【300】gである。

（ノートルダム清心中など）

□図3のように軽い棒の中心を軽い糸でつり，中心から等間隔にフックをつけ，キの位置に10gのおもりをつるした。このとき，【オ】の位置に20gのおもりを1つつるすと棒が水平になる。

（普連土学園中など）

入試で差がつくポイント　解説➡p150

□図4のように，幅20cmの台の上に太さが一様で長さが100cmの棒を置き，左端に重さ90gのおもりをつるした。右端につるすおもりAの重さが【60】g以上【135】g以下のとき，棒は水平に保たれる。

□長さ100cmの棒2本に100gのおもり，90gのおもり，おもりAを図5のようにつるすと，棒は2本とも水平になった。棒と糸の重さが無視できるとき，おもりAの重さは【60】g，Bの長さは【40】cm，Cの長さは【60】cmである。

（田園調布学園中等部・鎌倉学園中など）

❶左側の「要点をチェック」では，重要なことを暗記しましょう。図と合わせて，知識をインプットします。

❷右側は「問題演習」です。そのうち，「ゼッタイに押さえるべきポイント」では，入試で問われる切り口を学びます。入試での実践力を養いましょう。

できたらスゴイ! がある問題では，左側のページであつかっていないテーマも出題しています。

❸「問題演習」のうち，下部にある「入試で差がつくポイント」では，「単純な暗記では解けない切り口」「難関校で出されたテーマ」などをあつかいます。左側のページであつかっていないテーマも出題しています。巻末に掲載した「解説」でも理解を深めましょう。「解説」の1・2などの番号は，問題の上からの順に対応しています。

[解説のページ]

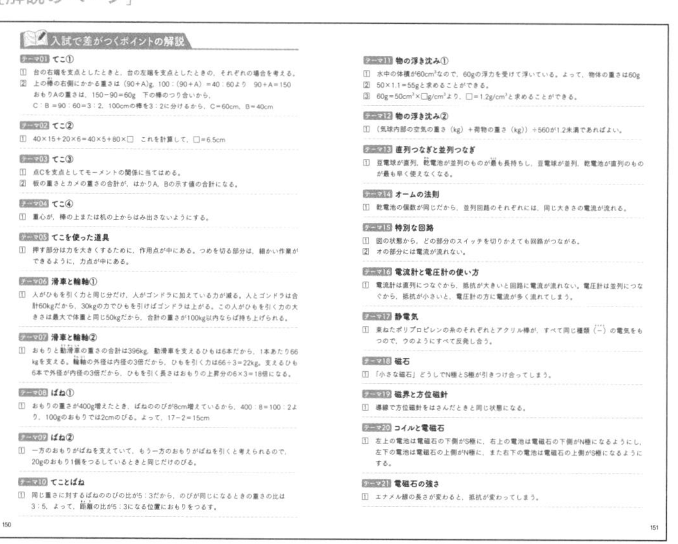

入試で差がつくポイントの解説

テーマ01 てこ①
1 台の右端を支点としたときと，台の左端を支点としたときの，それぞれの場合を考える。
2 上の棒の右側にかかる重さは（90+A)g，100：(90+A）＝40：60より　90+A＝150
おもりAの重さは，150−90＝60g　下の棒のつり合いから，
C：B＝90：60＝3：2，100cmの棒を3：2に分けるから，C＝60cm，B＝40cm

テーマ02 てこ②
1 40×15+20×6＝40×5+80×□　これを計算して，□＝6.5cm

テーマ03 てこ③
1 点Cを支点としてモーメントの関係に当てはめる。
2 板の重さとカメの重さの合計が，はかりA，Bの示す値の合計になる。

テーマ04 てこ④
1 重心が，棒の上または机の上からはみ出さないようにする。

テーマ05 てこを使った道具
1 押す部分は力を大きくするために，作用点が中にある。つめを切る部分は，細かい作業ができるように，力点が中にある。

テーマ06 滑車と輪軸①
1 人がひもを引く力と同じ分だけ，人がゴンドラに加えている力が減る。人とゴンドラは合計60kgだから，30kgの力でひもを引けばゴンドラは上がる。この人がひもを引く力の大きさは最大で体重と同じ50kgだから，合計の重さが100kg以内ならば持ち上げられる。

テーマ07 滑車と輪軸②
1 おもりと動滑車の重さの合計は396kg，動滑車を支えるひもは6本だから，1本あたり66kgを支える。輪軸の外径は内径の3倍だから，ひもを引く力は66÷3＝22kg。支えるひも6本で外径が内径の3倍だから，ひもを引く長さはおもりの上昇分の6×3＝18倍になる。

テーマ08 ばね①
1 おもりの重さが400g増えたとき，ばねののびが8cm増えているから，400：8＝100：2より，100gのおもりでは2cmのびる。よって，17−2＝15cm

テーマ09 ばね②
1 一方のおもりがばねを支えていて，もう一方のおもりがばねを引くと考えられるので，20gのおもり1個をつるしているときと同じだけのびる。

テーマ10 てことばね
1 同じ重さに対するばねののびの比が5：3だから，のびが同じになるときの重さの比は3：5，よって，距離の比が5：3になる位置におもりをつるす。

150

テーマ11 物の浮き沈み①
1 水中の体積が60cm³なので，60gの浮力を受けて浮いている。よって，物体の重さは60g
2 50×1.1＝55gと求めることができる。
3 60g＝50cm³×□g/cm³より，□＝1.2g/cm³と求めることができる。

テーマ12 物の浮き沈み②
1（気球内部の空気の重さ（kg）＋荷物の重さ（kg））÷560が1.2未満であればよい。

テーマ13 直列つなぎと並列つなぎ
1 豆電球が直列，乾電池が並列のものが最も長持ちし，豆電球が並列，乾電池が直列のものが最も早く使えなくなる。

テーマ14 オームの法則
1 乾電池の個数が同じだから，並列回路のそれぞれには，同じ大きさの電流が流れる。

テーマ15 特別な回路
1 図の状態から，どの部分のスイッチを切りかえても回路がつながる。
2 オの部分には電流が流れない。

テーマ16 電流計と電圧計の使い方
1 電流計は直列につなぐから，抵抗が大きいと回路に電流が流れない。電圧計は並列につなぐから，抵抗が小さいと，電圧計の方に電流が多く流れてしまう。

テーマ17 静電気
1 束ねたポリプロピレンの糸のそれぞれとアクリル棒が，すべて同じ種類（−）の電気をもつので，ウのようにすべて反発し合う。

テーマ18 磁石
1「小さな磁石」どうしでN極とS極が引きつけ合ってしまう。

テーマ19 磁界と方位磁針
1 導線で方位磁針をはさんだときと同じ状態になる。

テーマ20 コイルと電磁石
1 左上の電池は電磁石の下側がS極に，右上の電池は電磁石の下側がN極になるようにし，左下の電池は電磁石の上側がN極に，また右下の電池は電磁石の上側がS極になるようにする。

テーマ21 電磁石の強さ
1 エナメル線の長さが変わると，抵抗が変わってしまう。

151

[出題校について]

この本では，問題であつかったポイントが，過去の入試で出題された学校を示しています。小社独自の入試分析をもとに記載しております。「問題演習」では，形式を統一するために一部改変を行っております。また，出題されたすべての学校を示しているわけではありません。複数の学校で出題されたポイントをあつかった問題では，一部の学校の名前を記載しております。

写真提供／アフロ，孝森まさひで，スタジオサラ
本文デザイン／ムシカゴグラフィクス　キャラクターイラスト／加藤アカツキ　執筆協力／㈱群企画

目次

テーマ01 力　てこ①

要点をチェック

- 棒の一点を支えて，棒に加えた力を他の物体に作用させる装置を【てこ】という。

〈てこの3点〉

① 【支点】：てこを支える点。回転の中心となり，動かない。
② 【力点】：てこに力を加える点。
③ 【作用点】：作用させる物体に力がはたらく点。

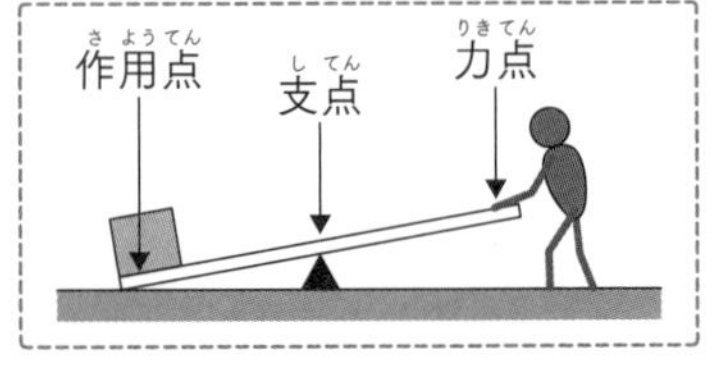

〈てこのつり合い〉

①2つのおもりをつるしたてこがつり合っている（水平になっている）とき，おもりの重さの比は，【支点】からの距離の比の【逆比】になる。この法則は【てこ】の原理といわれ，【アルキメデス】により発見された。

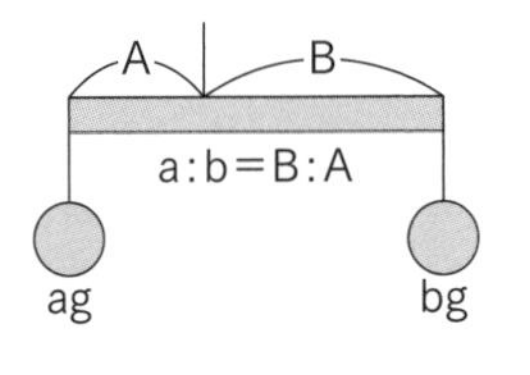

②てこが上下方向に動かないとき，支点でてこを支える力と，おもりの重さの合計は【同じ】大きさになっている。

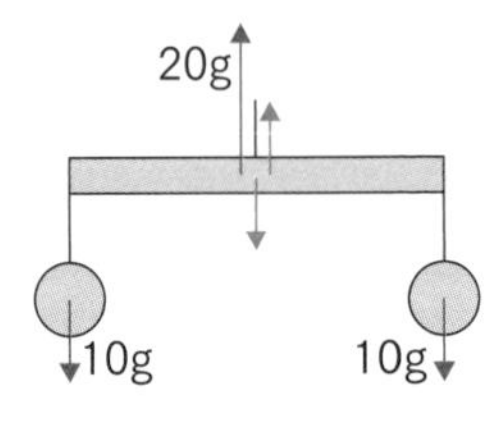

※棒の重さを考えるときは，上向き（棒の重さを支える力）・下向き（棒の重さ）に青矢印が加わる。

「軽い棒」は,「棒の重さは考えない」という意味で使うよ。

問題演習

ゼッタイに押さえるべきポイント

□図1のように，③，⑨の位置にロープを結んで棒を水平に支えた。①の位置におもりをつるすと棒がかたむいたので，⑦の位置を手で押さえて水平にもどした。このとき，【③】は支点，【⑦】は力点，【①】は作用点にあたる。

（立教新座中など）

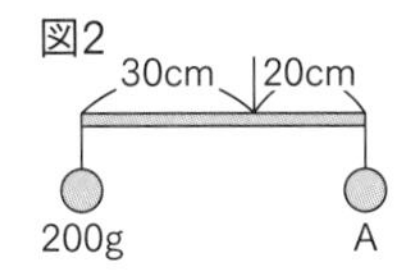

□図2において，棒と糸の重さが無視できるとき，おもりAの重さは【300】gである。

（ノートルダム清心中など）

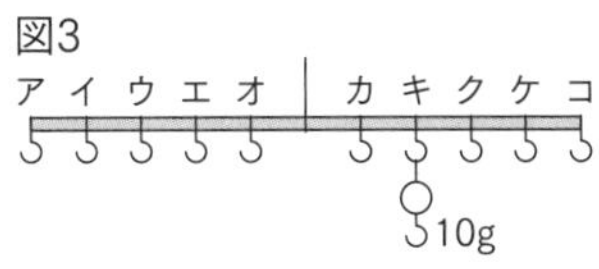

□図3のように軽い棒の中心を軽い糸でつり，中心から等間隔（とうかんかく）にフックをつけ，キの位置に10gのおもりをつるした。このとき，【オ】の位置に20gのおもりを1つつるすと棒が水平になる。

（普連土学園中など）

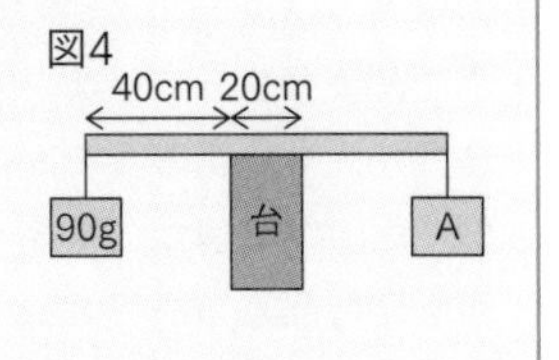

入試で差がつくポイント

解説➡p150

□図4のように，幅（はば）20cmの台の上に太さが一様で長さが100cmの棒を置き，左端に重さ90gのおもりをつるした。右端につるすおもりAの重さが【60】g以上【135】g以下のとき，棒は水平に保たれる。

□長さ100cmの棒2本に100gのおもり，90gのおもり，おもりAを図5のようにつるすと，棒は2本とも水平になった。棒と糸の重さが無視できるとき，おもりAの重さは【60】g，Bの長さは【40】cm，Cの長さは【60】cmである。

（田園調布学園中等部・鎌倉学園中など）

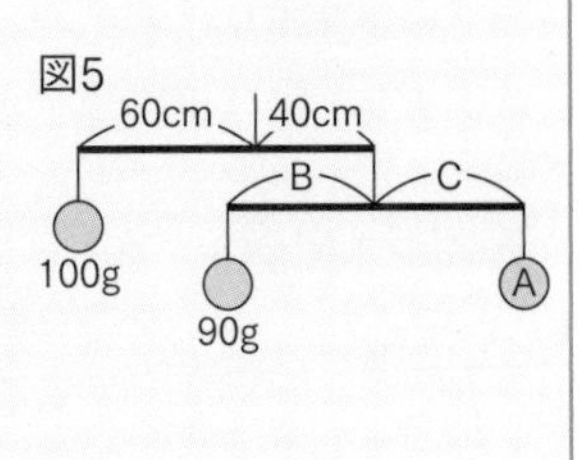

図4 (40cm 20cm / 90g / 台 / A)

テーマ02 力　てこ②

要点をチェック

〈モーメント〉

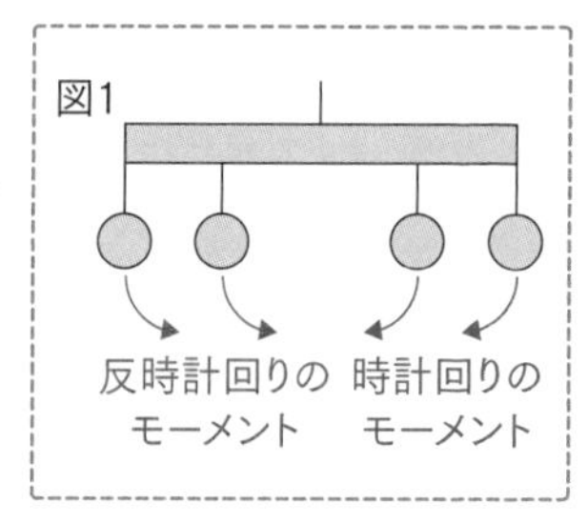

・てこにおいて，おもりの【重さ】×支点からの【距離(きょり)】は，てこを支点のまわりに回転させようとするはたらきの大きさを表す。この値を【モーメント】といい，おもりがてこを時計回りに回転させようとするとき時計回りの【モーメント】，反時計回りに回転させようとするとき反時計回りの【モーメント】という（図1）。

〈てこのつり合いとモーメント〉

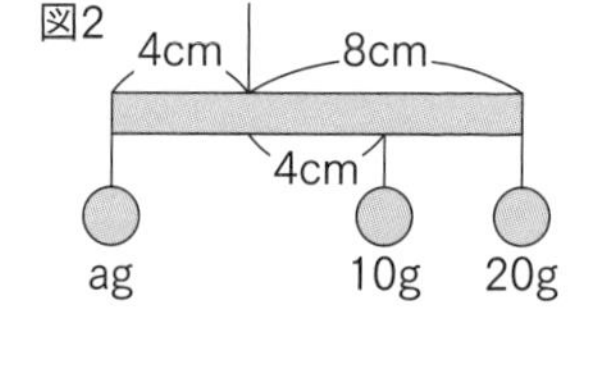

・てこがつり合っているとき，
【時計回り】のモーメントの合計
＝【反時計回り】のモーメントの合計
が成り立つ。
例：図2のてこがつり合っているとき，
a×4＝10×4＋20×8より，a＝50である。

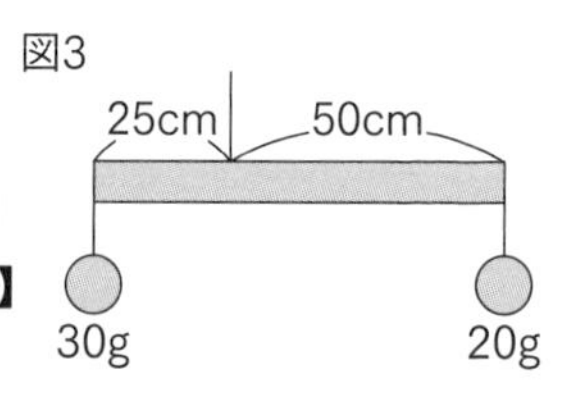

・てこがつり合っていないとき，モーメントの合計が大きい側のうでが下がる。
例：図3のてこは，
時計回りのモーメント…20×50＝【1000】
反時計回りのモーメント…30×25＝【750】
より，【右】側のうでが下がる。

〈さおばかり〉

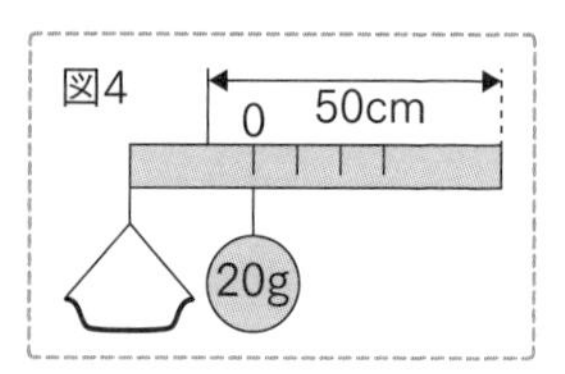

・図4のように，てこの一方の端(はし)に皿をつるし，もう一方につるした20gのおもりがつり合う位置を【0】gとする。この皿に物をのせると，物の重さが重くなるほど，20gのおもりがつり合う位置が【右】に移るので，重さを示す目盛りをつけることができる。
このように，てこを利用して重さをはかる道具を**さおばかり**という。

・図4のように，てこの支点から右端までの距離が50cmのとき，**のせる物の重さと皿の重さの合計**が【1000】g以下ならば，このはかりで重さをはかることができる。

問題演習

ゼッタイに押さえるべきポイント

□図1で軽い棒(ぼう)が水平になっているとき，軽い糸でつるされたおもりAの重さは【125】gである。
（浅野中など）

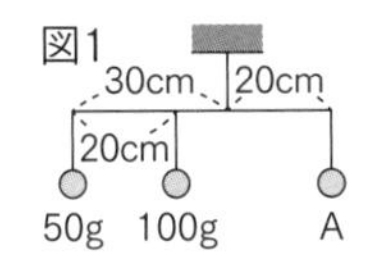

□図2のような実験用てこと，いくつかの同じ重さのおもりがある。Dの位置におもり1個，Fの位置におもり2個，HとLの位置にそれぞれおもり1個をつるすと，【右】側のうでが下がる。
（立教女学院中など）

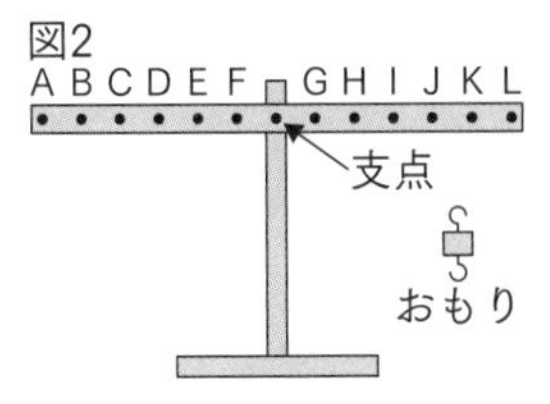

□同じ重さのおもりが図3のようにつるされた棒がある。A〜Dのうち，【A】の位置に同じおもりをもう1個つるすと，棒は水平になって止まる。
（香蘭女学校中等科など）

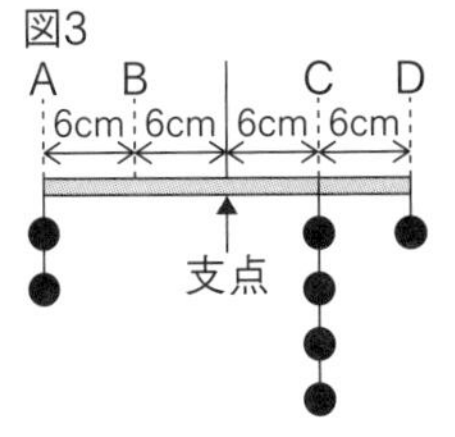

図4のような，皿をAとBの2か所につるすことができるさおばかりがある。皿をつるす位置によって使う目盛りは異なるが，図では省略している。
（女子学院中など）

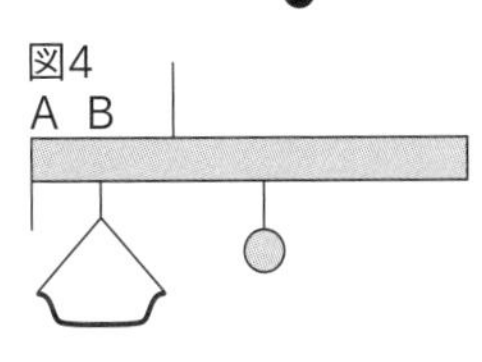

□皿をBにつるすと，Aにつるしたときよりもはかれる範囲が【広】くなる。

□皿をAにつるすと，Bにつるしたときよりも軽いものをはかるときにおもりを動かす距離が【長】くなるので，重さを精密(せいみつ)にはかれる。

入試で差がつくポイント

解説➡p150

□長さ30cmで重さの無視できる棒に，重さの無視できる糸を使って，4個のおもりを図5のようにつるした。棒が水平になったとき，おもりAは棒の中心から右に【6.5】cmのところにつるされている。（栄東中など）

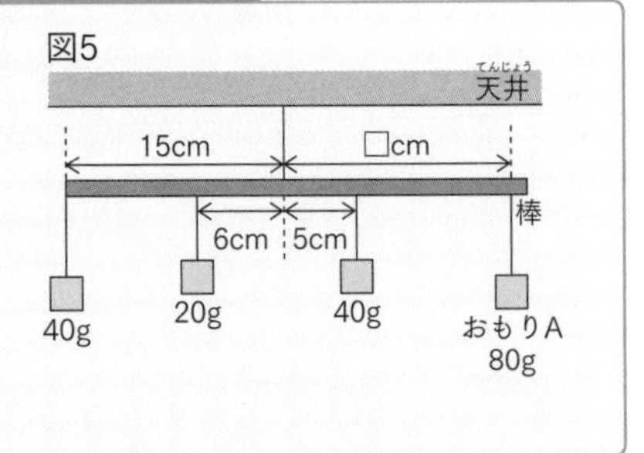

テーマ03 力 てこ③

要点をチェック

〈支点が棒の端にあるてこ〉

・支点が間にある場合と同様に，支点のまわりの時計回りのモーメントの合計，反時計回りのモーメントの合計を求めると，その2つが等しい。この状態を「モーメントがつり合っている」という。

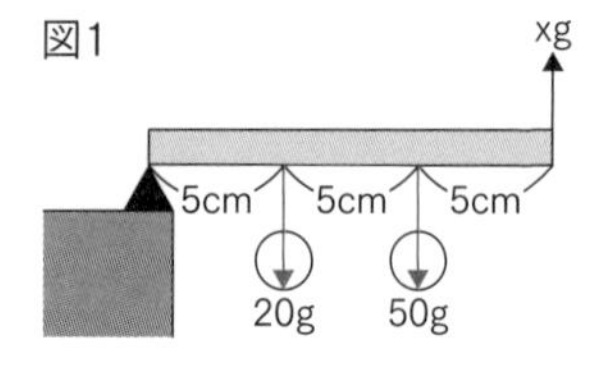

例：図1のてこがつり合っているとき，

$20\times5+50\times10=x\times15$

（$20\times5+50\times10$：時計回りのモーメントの合計，$x\times15$：反時計回りのモーメントの合計）

より，x＝40である。

〈2点以上で支えられたてこ〉

・てこがつり合っているときは，どの点を支点と考えても，

【時計回り】のモーメントの合計＝【反時計回り】のモーメントの合計

が成り立つ。

かかる力を求めたい点が2つあるとき，どちらかの点を支点と考えて，上の式に当てはめて考えるとよい。

例：図2でてこがつり合っているとき，

点Bを中心としたモーメントのつり合いを考えると，

図2
ag　bg
A　5cm　5cm　5cm　B
20g　50g

$a\times15=50\times5+20\times10$

（$a\times15$：時計回りのモーメントの合計，$50\times5+20\times10$：反時計回りのモーメントの合計）

より，a＝【30】である。

（点Bにかかる力の大きさは，点Bのまわりの回転に影響しない。）

これとa＋b＝20＋50より，30＋b＝70であるから，b＝【40】である。

問題演習

ゼッタイに押さえるべきポイント

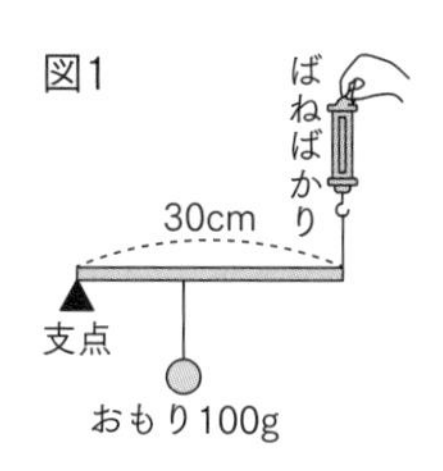

□図1のように，長さ30cmの軽い棒の左端を支点で支え，右端をばねばかりにつり下げ，棒に100gのおもりをつるした。棒が水平になるようにしたとき，ばねばかりが示した値は30gであった。このとき，おもりをつるした位置は，棒の左端から【9】cmのところである。　（桐朋中など）

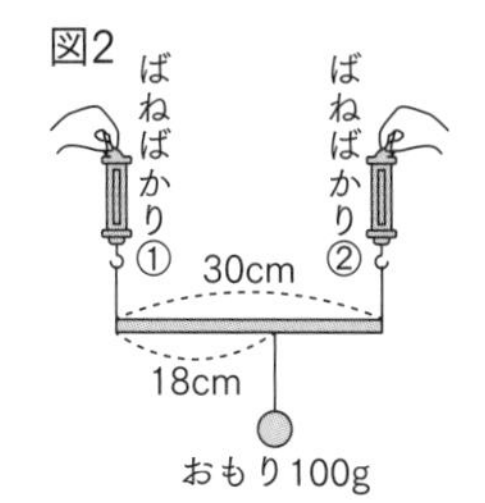

□図2のように，長さ30cmの軽い棒の両端を2つのばねばかりでつり下げ，棒の左端から18cmの位置に100gのおもりをつるしたとき，ばねばかり①が示した値は【40】gである。　（桐朋中など）

入試で差がつくポイント 解説➡p150

□2個の台ばかりAとBに板をのせ，カメを板の左端のC点のところに置くと，カメは図3のように右端のD点に向かって歩き始めた。このとき，台ばかりBの値の増え方は，C点からカメまでの距離に【比例】する。
（晃華学園中・学習院中等科など）

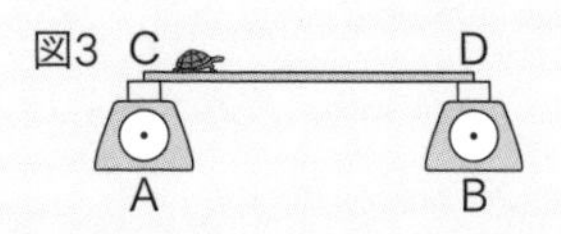

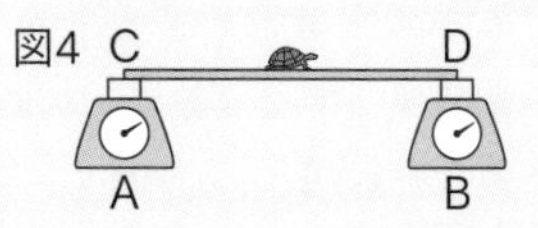

□前問において，カメが図4のようにC点とD点の真ん中にきたとき，台ばかりAとBはともに305gを示した。板の重さが360gであるとき，カメの重さは【250】gである。　（晃華学園中など）

支点が棒の端にあるときは，棒にはたらく力の向きのちがいが，そのままモーメントの向きのちがいになっているよ。

テーマ04 力 てこ④

要点をチェック

〈棒に重さがあるてこ〉

- 棒がつり合っているとき，棒の【重心】に棒の重さと同じ重さのおもりがついていると考えて，

  【時計回り】のモーメントの合計＝【反時計回り】のモーメントの合計

  に当てはめる。

  ①棒の太さが一様な場合，棒の重心は棒の【中心】にある（図1）。

図1

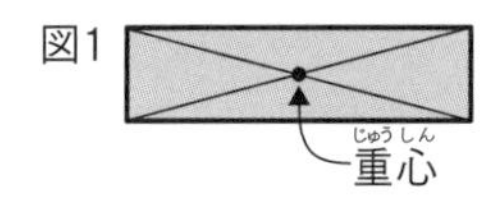

  ②棒の太さが一様でない場合，棒の重心は棒の中心よりも【太い方】にかたよっている。

  棒の重心から棒の両端までの長さの比は，棒の両端をばねばかりでつるしたときにばねばかりが指す値の比の【逆比】になる（図2）。

図2

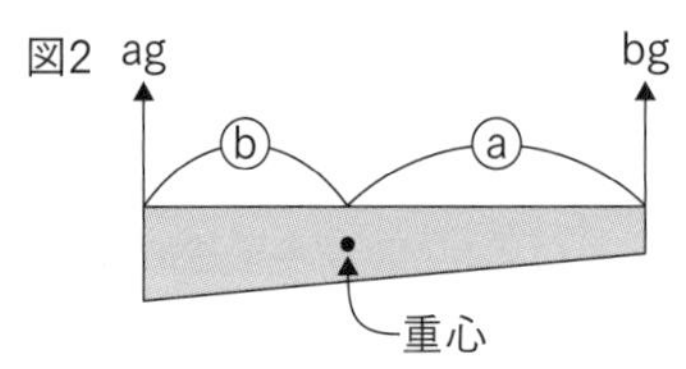

- 重心を通るまっすぐ（鉛直）な線で棒を切ったとき，それぞれの部分の重さを比べると，【太】い方が重い。

〈机の上からはみ出すように，一様な棒を置く〉

- 棒が1本の場合（図3）

  【重心】が机の上にあれば，棒は落ちない。

  →aは棒の長さの【半分】までのばせる。

図3

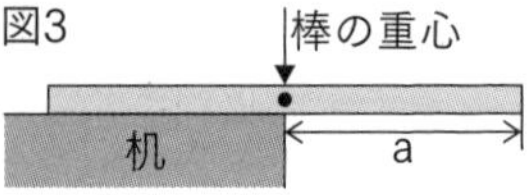

棒の重心　机　a

- 棒が2本の場合（図4）

  棒1は，重心が棒2の上にあれば落ちない。

  →aは棒の長さの【半分】までのばせる。

図4

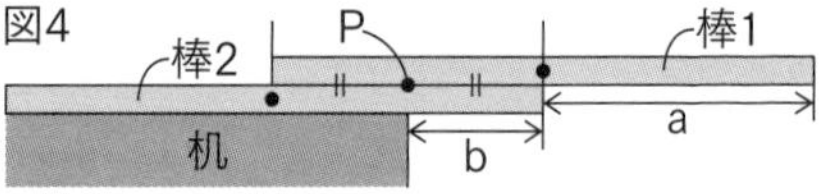

P　棒1　棒2　a　机　b

  棒2は，棒1の重心と棒2の重心のまん中にある点（P）が机の上にあれば落ちない。

  →aを最大までのばしたとき，bは【a】の長さの半分までのばせる。

問題演習

ゼッタイに押さえるべきポイント

長さ50cmの太さが一様でない棒の端(はし)に短いひもとばねばかりをつけ，もう一方を地面につけたまま，ほんの少し持ち上げたところ，ばねばかりの値は，端が細くなっている方では20g，端が太くなっている方では30gであった。

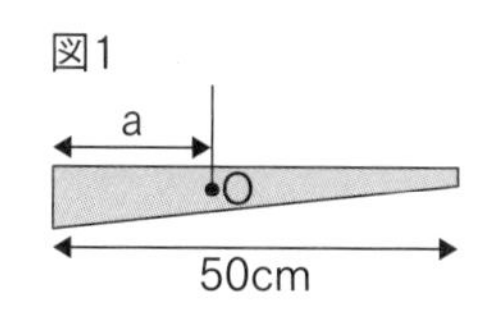

□この棒を図1のように，点Oを支点として軽い糸で持ち上げ，水平につり合わせた。点Oのことを【重心】という。

□図1において，aの長さは【20】cmである。

（東海中・愛光中など）

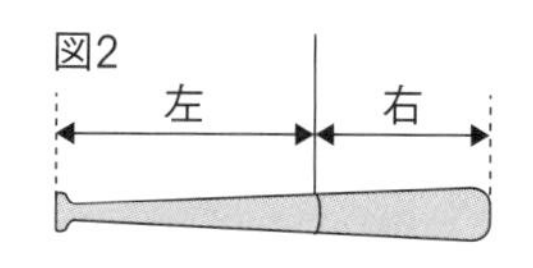

□図2のようなバットを1本の糸でつり下げたところバランスがとれた。このとき，つり下げたところを中心に左右の重さを比べると，【右】の方が重い。（攻玉社中など）

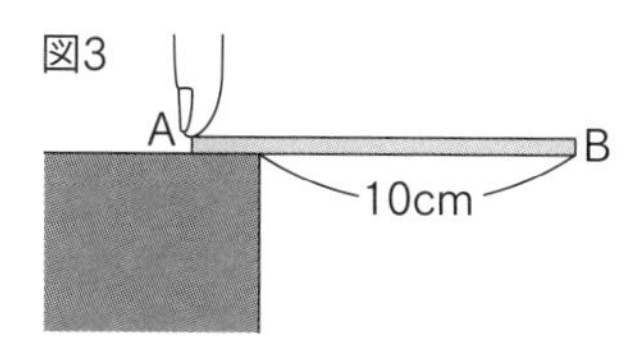

□机の上に置いた長さ12cm，重さ80gの棒ABを机の端から10cmはみ出して置いても落下しないように，図3のようにA点を指で垂直に押さえた。このとき，【160】g以上の力が必要である。できたらスゴイ!

入試で差がつくポイント 解説➡p150

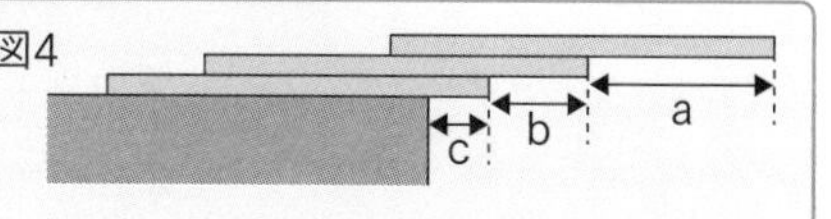

□重さ10g，長さ30cmの太さが一様な棒3本を図4のように重ねた。このとき，aの長さは最大で【15】cmに，bの長さは最大で【7.5】cmに，cの長さは最大で【5】cmにすることができ，あわせて棒は机から【27.5】cmはみ出させることができる。（東洋英和女学院中学部・品川女子学院中等部など）

重心か，重心の真下の点を支えれば，ものを支えることができるよ。

テーマ05
力　てこを使った道具

要点をチェック

- てこを利用した道具は，**支点**，**力点**，**作用点**の位置関係によって，次の3種類に分けられる。

①【支点】が中にあるてこ　：作用点にはたらく力が大きくなるものと小さくなるものがある。

（ペンチ，洋ばさみ，バールなど）

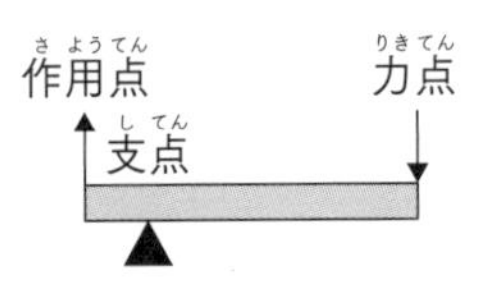

②【作用点】が中にあるてこ：作用点にはたらく力を大きくできる。
（せんぬき，裁断機など）

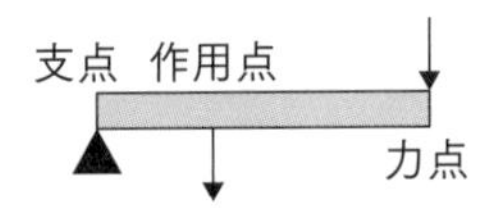

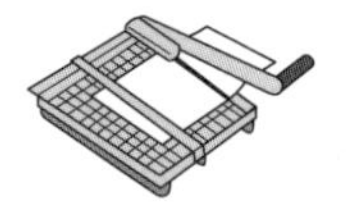

③【力点】が中にあるてこ　：作用点にはたらく力は小さくなるが，作用点に細やかな動きを伝えられる。

（ピンセット，和ばさみ，トングなど）

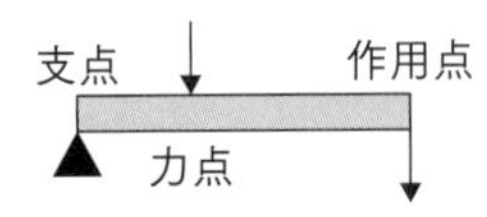

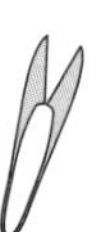

- 【つめ切り】のように，2種類のてこを組み合わせた道具もある。

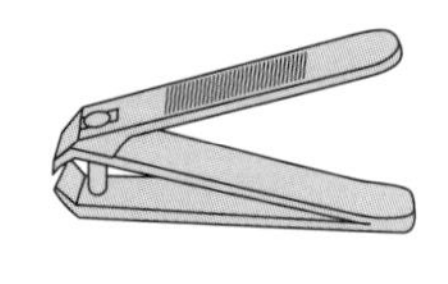

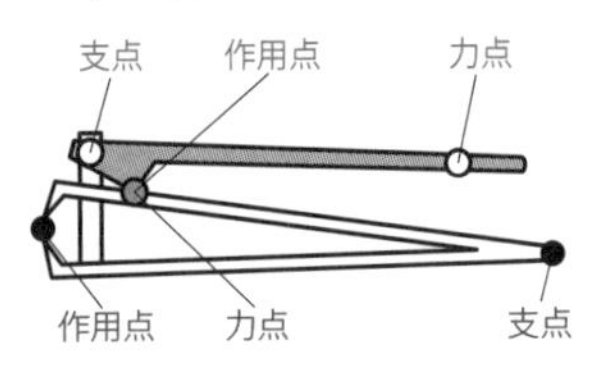

問題演習

ゼッタイに押さえるべきポイント

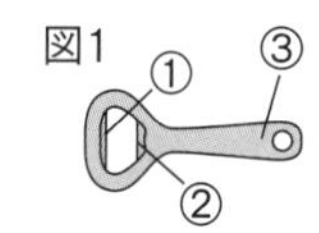

□せんぬきは「てこ」のしくみを使っている。図1の①の部分を支点とすると，②の部分は【**作用点**】，③の部分は【**力点**】にあたる。（明治大学附属中野中など）

□はさみでひもを切るとき，図2のア～ウのうち，【**ウ**】の位置で切ると，最も小さな力で切ることができる。

（奈良学園中・明治大学附属中野中など）

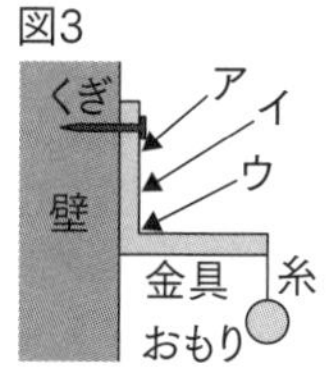

□図3のア～ウのいずれかの位置で，壁（かべ）に「L」形の金具をくぎで打ちつけ，金具の端（はし）におもりをぶら下げる。ア～ウのうち，金具からくぎに加わる力が一番大きく，くぎが壁からぬけやすいのは，【**ウ**】である。

（駒場東邦中など）

□「ししおどし」は，中央付近に支点をつけた竹筒（たけづつ）で作られており，片方の端が斜（なな）めに切り落とされている。切り落とした側に水を流し込むことで竹筒がかたむき，元にもどるときに竹筒と石とがぶつかり音が出る。下図のア～エのうち，「ししおどし」に使う竹の節の位置として正しくないものは【**エ**】である。

ア
回転軸（じく）より
注ぎ口寄りの位置

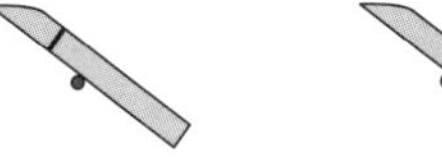

イ
回転軸の位置

ウ
回転軸より
注ぎ口から遠い位置

エ
竹筒の底の位置

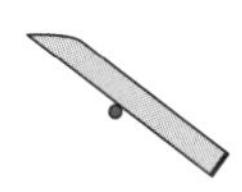

入試で差がつくポイント

解説➡p150

□つめ切りは，【**作用**】点が【**支**】点と【**力**】点の間にあるてこと，【**力**】点が【**支**】点と【**作用**】点の間にあるてこの，2種類のてこを利用した道具である。

（浅野中・久留米大学附設中など）

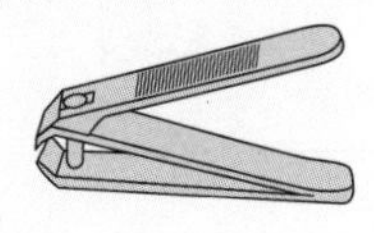

テーマ06 力　滑車と輪軸①

要点をチェック

- 滑車には，回転軸が固定された【定】滑車と，回転軸が固定されておらず，ひもを引くと動く【動】滑車がある（図1）。

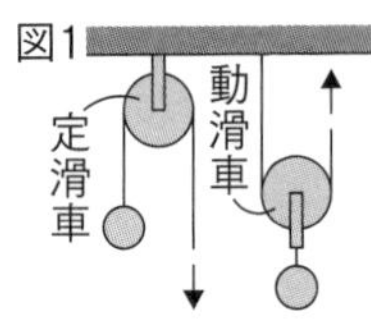

特徴	定滑車	動滑車
力の向き	変えられる	変えられない
力の大きさ	変えられない	物体の重さ÷2
引く距離	物体の移動距離	物体の移動距離×2

- 動滑車がひも1本でつながった組み合わせ滑車

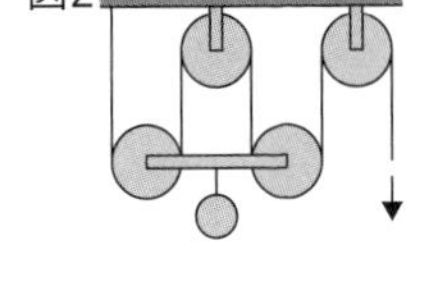

①ひもを引く力＝【おもり】と動滑車の【重さ】÷動滑車を支える【ひもの数】

②ひもを引く距離＝物体の【移動距離】×動滑車を支える【ひもの数】

図2で動滑車の重さを考えない場合，ひもを引く力はおもりの重さの【4】分の1，ひもを引く距離はおもりが上がる距離の【4】倍になる。

- 動滑車がひも1本でつながっていない組み合わせ滑車（滑車は重さなし）

①それぞれのひもにかかる【力の合計】＝【おもりの重さ】から，ひもを引く力を求める。

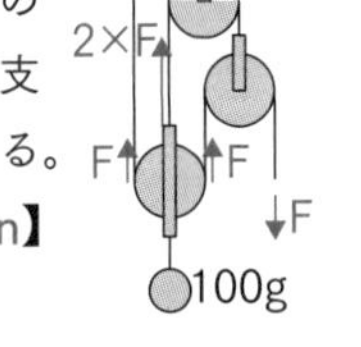

例：図3で，ひもを引く力をFとすると，ひもにかかる力の合計はF＋F＋2×F＝4×Fである。この力でおもりを支えているから，4×F＝100より，F＝100÷4＝25gである。

②ひもをひく力が$\frac{1}{n}$倍になると，ひもを引く距離は【n】倍になる。

例：図3で，おもりを1m持ち上げるとき，ひもを引く距離は【4】mになる。

- 物体を動かすとき，動かすために使う【力】×動かす【距離】（仕事量という）は，道具を使うかどうかによらず一定である。これを仕事の原理という。

仕事の原理は，動滑車以外に，てこや斜面などでも成り立つよ。

問題演習

ゼッタイに押さえるべきポイント

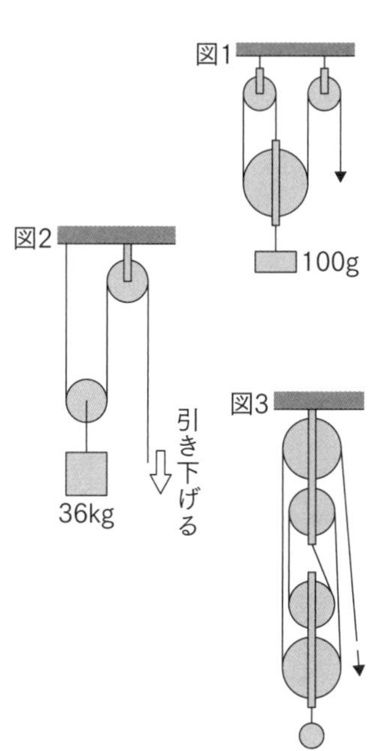

□図1において，動滑車の重さが80gでひもの重さが無視できるとき，ひもを【60】gの力で引くとつり合う。　（城北中など）

□図2のように，定滑車1つと動滑車1つに36kgのおもりを取り付け，【18】kgの力でロープを【24】cmだけ引き下げると，おもりは12cm持ち上がった。ただし，滑車とロープの重さは考えないものとする。　（栄東中・城北中など）

□図3のように20gの滑車を4つ組み合わせて100gのおもりを10cm持ち上げるには，【35】gの力でひもを【40】cm引く必要がある。ただし，ひもの重さは考えないものとする。　（淑徳与野中など）

入試で差がつくポイント 解説➡p150

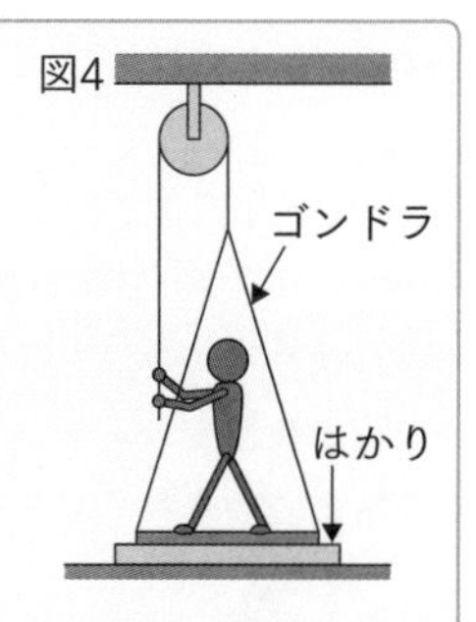

□図4のように，50kgの人が10kgのゴンドラに乗り，天井（てんじょう）の滑車にかけられたゴンドラをつるすひもを引く。人がひもを1kg分の力で引いたとき，ゴンドラはひもから【1】kg分の力で引かれ，ゴンドラが人から押（お）される力は【1】kg分減るので，ゴンドラの下に置かれたはかりの表示は【58】kgになる。人が自分の乗ったゴンドラを持ち上げるには【30】kg分以上の力でひもを引く必要があり，そのときゴンドラにのせられる荷物の重さの上限は【40】kgである。　（晃華学園中など）

テーマ07 力　滑車と輪軸②

要点をチェック

〈輪軸(りんじく)〉

- ドアノブやドライバー，自動車のハンドルのように，半径の大きい輪を中心となる半径の小さい軸(じく)に取りつけて，輪と軸が一体となって回転するようにした装置を【輪軸】という。
- 輪軸は，軸の中心が【支点(してん)】，輪の外周部分が【力点(りきてん)】，軸の外周部分が【作用点(さようてん)】のてこと考えることができる。輪に力を加えて回転させると，軸に強い力がかかる。
例：レンチ（図1）

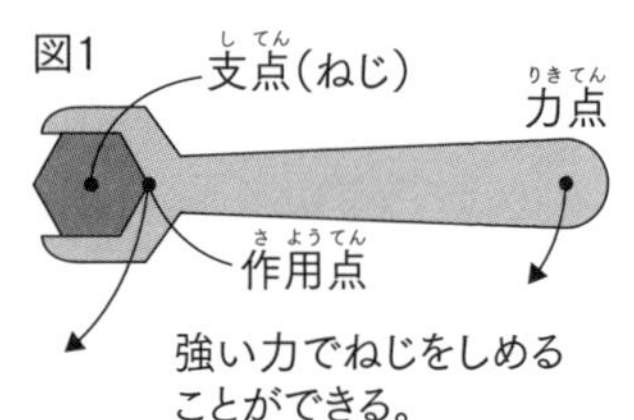

〈輪軸のつり合いとひもを引く長さ〉

- 図2で輪軸がつり合っているとき，

$$A \times a = B \times b$$

（$A \times a$：反時計回りのモーメントの合計，$B \times b$：時計回りのモーメントの合計）

より，A：B＝【b】：【a】が成り立つ。
（輪と軸にかかる力の比は，半径の比の【逆比】に等しい。）
このことを利用すると，輪軸を使って，小さな力で大きな力を生み出すことができる。例えば，BがAの2倍であるとき，a：b＝2：1となるので，bの力でその2倍の重さaを支えることができる。

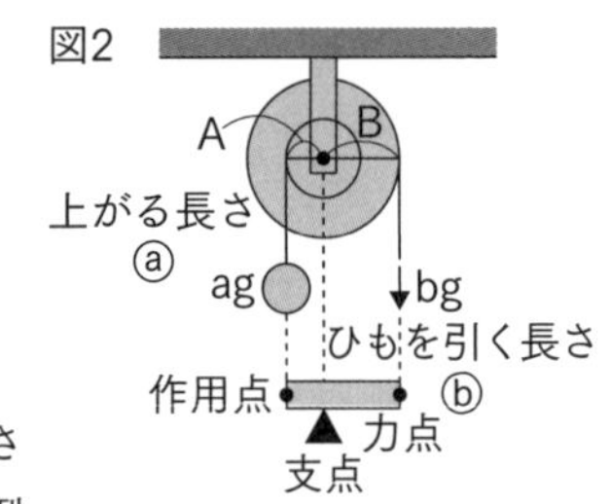

- 図2の装置でひもをひくとき，ⓐ：ⓑ＝【A】：【B】が成り立つ。
（輪と軸のそれぞれで動く距離の比は，半径の比に等しい。）

〈自転車〉

- ペダルと前ギア，後輪と後ギアが，それぞれ輪軸になっている（図3）。
- 前ギアと後ギアは，ギアの歯数と回転数の【積】が互いに等しくなるように回転する。
- 前ギアを【小さ】く，後ギアを【大き】くするほど，ペダルをこぐための力は小さくなり，ペダル1回転あたりに自転車が進む距離は【短】くなる。

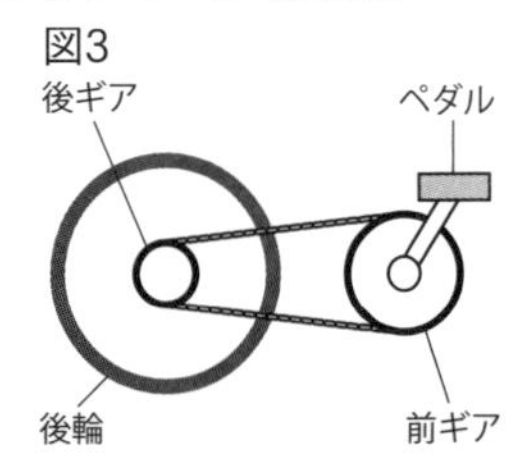

問題演習

ゼッタイに押さえるべきポイント

□図1のように輪軸を用いて，おもりの重さと，ばねばかりを介して引っ張る力のモーメントとがつり合っている。大きな円盤の半径をa［cm］，小さな円盤の半径をb［cm］，ばねばかりで引く力をc［g］，おもりの重さをd［g］とすると，a×【c】＝b×【d】が成り立つ。また，ゆっくりとばねばかりを動かした距離をe［cm］，おもりの動いた距離をf［cm］とすると，a×【f】＝b×【e】が成り立つ。

（ラ・サール中など）

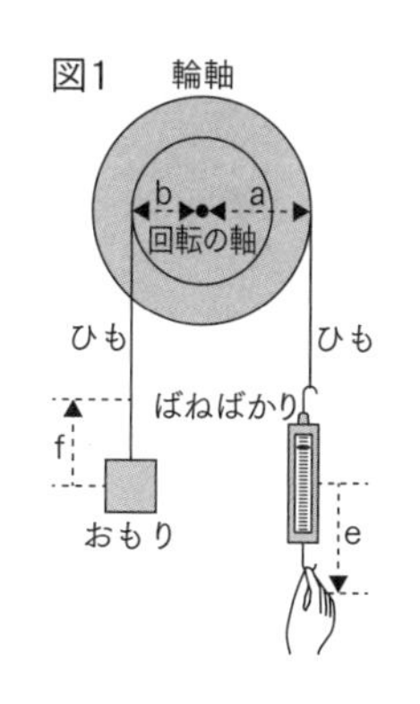

□輪軸を使っておもりを持ち上げるとき，糸をつなぐ輪の半径を2倍，3倍にすると，糸を引く力は【2】分の1，【3】分の1になり，ひもをひく距離は【2】倍，【3】倍になる。糸を引く【力】と糸を引く【距離】の【積】は常に一定である。

□輪軸を図2のように用いておもりを0.36m持ち上げたい。より小さな力で持ち上げるには，【A】におもりをつるして，【B】のひもを【1.08】m引けばよい。

（世田谷学園中など）

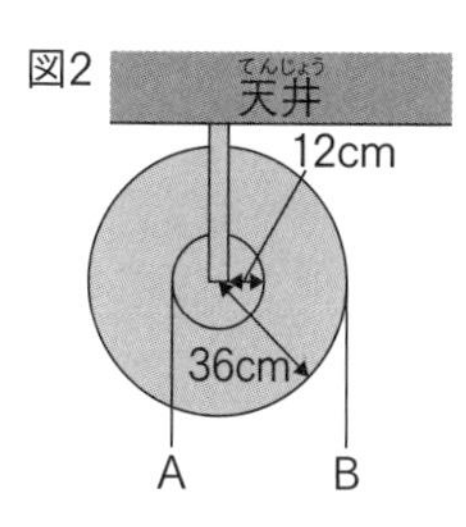

入試で差がつくポイント 解説➡p150

□重さが6kgの滑車と，図2の輪軸を図3のように組み合わせ，ひもを引いて重さ378kgのおもりを持ち上げるとき，【22】kgの力で持ち上げる必要がある。そのとき，ひもを引いた長さは，おもりが持ち上がる高さの【18】倍である。

（世田谷学園中など）

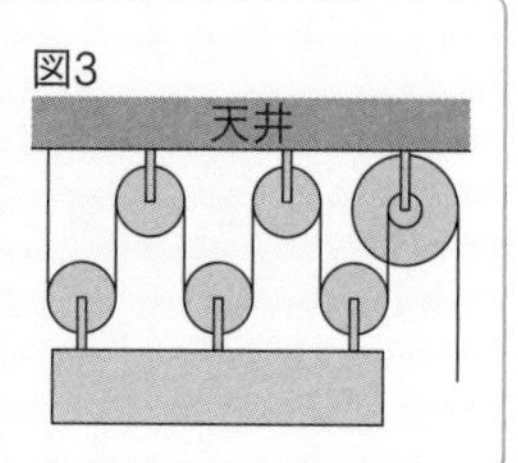

テーマ08 力　ばね①

要点をチェック

〈弾性と塑性〉

①ばねやゴムひもなどは，のばすと，元の長さにもどろうとする。このように，力を加えられて変形した物体が元の形にもどろうとする性質を【弾性】という。

②粘土や多くのプラスチックなどは，力を加えて変形させると，元の形にもどりにくい。このような性質を【塑性】という。

〈おもりの重さとばねののびの関係〉

- ばねにおもりをつるすとき，ばねののびはおもりの重さに【比例】する。つまり，おもりの重さを2倍，3倍，…にすると，ばねののびも2倍，3倍，…になる。この法則を【フックの法則】（弾性の法則）という。
  ①ばねの長さ＝自然長（元の長さ）＋ばねののび　という関係がある。
  ②ばねののびやすさは，ばねによって【異なる】。
  ③おもりが一定の重さ（弾性限界という）をこえると，この法則は成り立たなくなる（特に注意書きが無い場合，おもりの重さはばねの弾性限界をこえないと考える）。

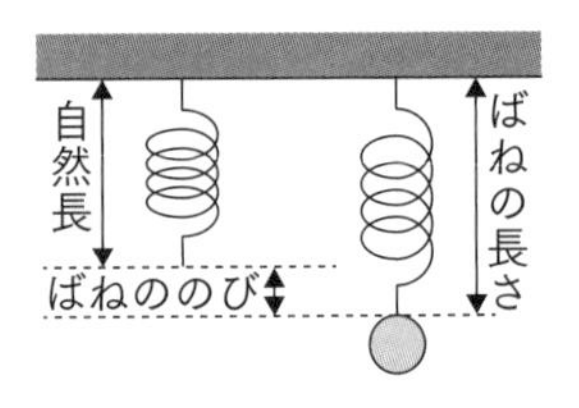

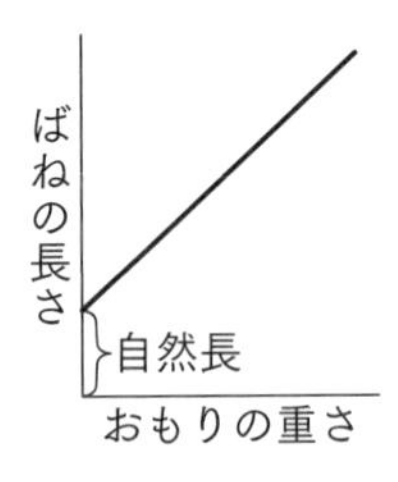

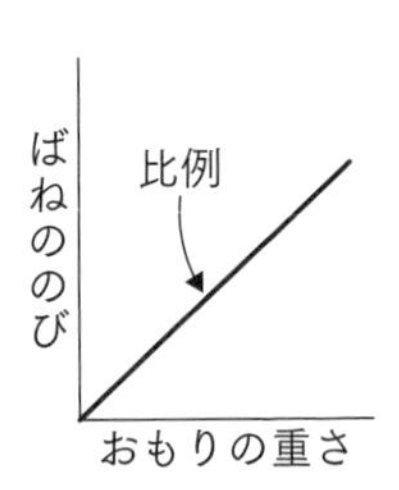

- フックの法則を利用した道具として，【ばねばかり】や【台ばかり】などがある。

問題に出てくる値が，「のび」と「長さ」のどちらなのか，きちんと読みとろう。

問題演習

ゼッタイに押さえるべきポイント

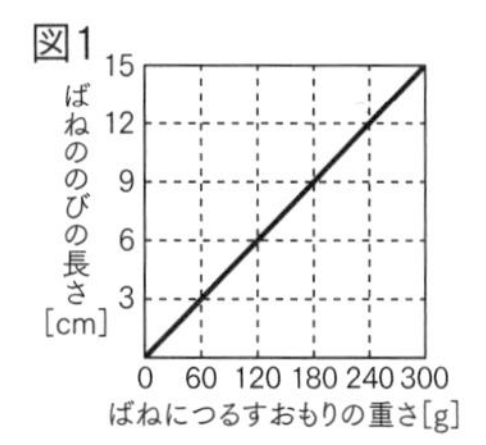

□ばねにおもりをつるしたとき，ばねののびとおもりの重さの関係が図1のようになっている。このばねを使って重さ200gのおもりをつるしたとき，ばねののびは【10】cmである。

（広島学院中・神戸海星女子学院中など）

□ばねにおもりをつけるとき，おもりの重さを2倍にすると，ばねの【のび】も2倍になる。

（修道中など）

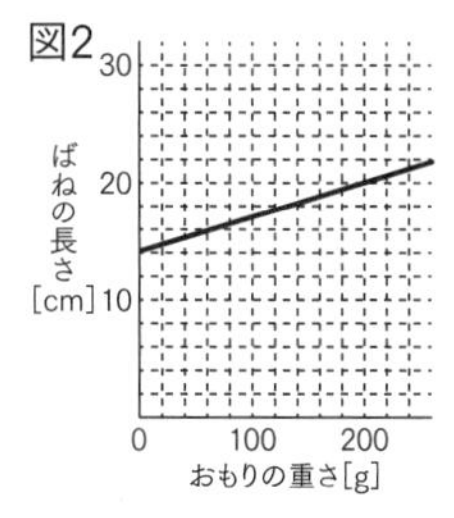

□つり下げたおもりの重さとばねの長さの関係が図2のようになるとき，おもり1gあたり，ばねは【0.03】cmのびる。（巣鴨中など）

□もとの長さが10cmのばねにおもりをつるして，おもりの重さとばねの長さの関係を調べると下表のようになった。このとき，おもりの重さを40gにすると，ばねの長さは【30】cmになる。

（久留米大学附設中・江戸川学園取手中など）

おもりの重さ[g]	10	20	30
ばねの長さ[cm]	15	20	25

入試で差がつくポイント 解説➡p150

□軽いばねAがあり，図3のように100gのおもりをつるすと，ばねの長さは17cmになった。次に，ばねAに500gのおもりをつるすと，ばねの長さは25cmになった。このとき，ばねAの自然長は【15】cmである。

（四天王寺中・東京都市大学等々力中など）

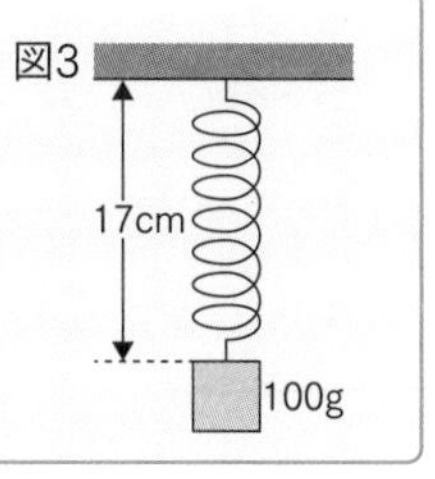

ばねが縮むときも，
フックの法則は
成り立っているよ。

テーマ09 力　ばね②

要点をチェック

〈ばねの直列つなぎ〉

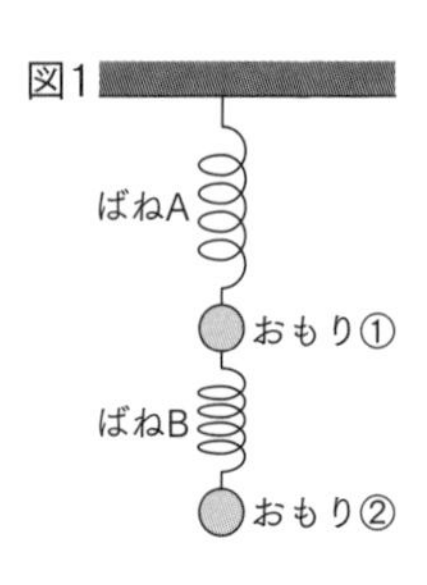

- 図1のようなばねのつなぎ方を，ばねの【直列】つなぎという。
- 直列につないだそれぞれのばねには，その【下】にあるすべてのおもりの重さがかかる。
  図1の場合，ばね【A】にはおもり①とおもり②の重さが，ばね【B】にはおもり②の重さがかかる。

〈ばねの並列つなぎ〉

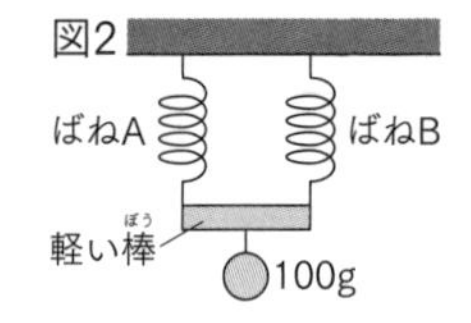

- 図2のようなばねのつなぎ方を，ばねの【並列】つなぎという。
- 並列につないだそれぞれのばねには，おもりの重さ【÷】ばねの本数の重さがかかる（同じばねをつないだ場合）。
  図2の場合，ばねA，ばねBのそれぞれに，【50】gの重さがかかる。

〈横向きのばね〉

- ばねを横にして，定滑車を通しておもりをつなぐと，ばねにはたらく力の向きは変わるが，ばねののびは縦につるしたときと同様である。
  例：図3，4，5でばねやおもりの重さが同じとき，ばねののびはすべて等しい。

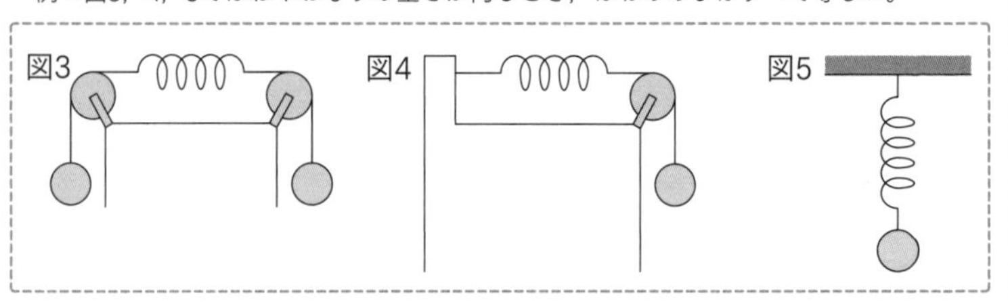

問題演習

ゼッタイに押さえるべきポイント

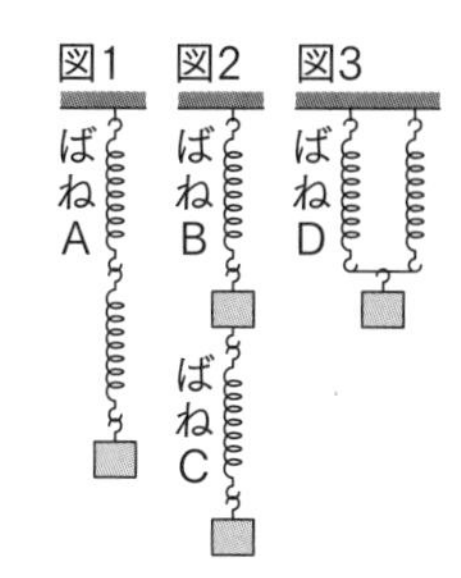

□ある軽いばねに120gのおもりをつり下げたとき，ばねののびは6cmになった。同じばねとおもりを図1～3のようにつなげたとき，図1のばねAののびは【6】cm，図2のばねBののびは【12】cm，ばねCののびは【6】cm，図3のばねDののびは【3】cmになる。（共立女子中・青稜中など）

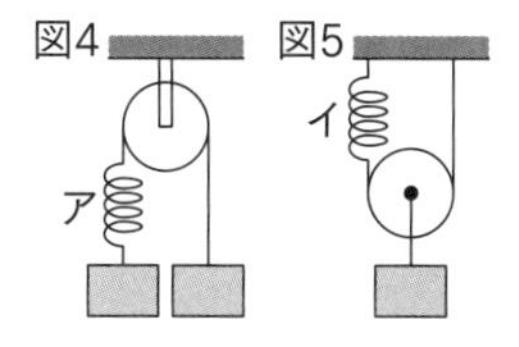

□20cmの軽いばねに20gのおもりをつるしたとき，ばねの全長は24cmになった。同じばね，おもりと軽い滑車（かっしゃ）を軽い糸で図4，図5のようにつなげたとき，ばねアののびは【4】cm，ばねイののびは【2】cmになる。（暁星中・昭和学院秀英中など）

入試で差がつくポイント 解説➡p150

□図6のように，天井（てんじょう）につるしたばねに重さ20gのおもりを1個つるしたとき，ばねはもとの長さより4cmのびた。次に，図7のようにこのばねを水平にして，ばねの両端に重さ20gのおもりを1個ずつつるしたとき，ばねのもとの長さからののびは【4】cmである。
（青山学院横浜英和中など）

図6
図7

ばねの直列つなぎと並列つなぎで，重さのかかり方がちがってくるね。

テーマ10 力 てことばね

要点をチェック

• てことばねが組み合わさった問題は，次のような方針をもとに解くとよい。

①てこのつり合いからばねを引く力を求めてから，ばねののびを求める。

例：図1で，ばねは1gで0.1cmずつのびるとし，てこがつり合っているとする。このとき，ばねにかかる力をxgとすると，

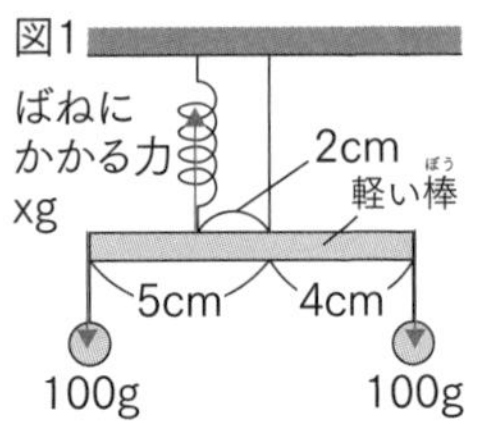

$x \times 2 + 100 \times 4 = 100 \times 5$
（左辺：時計回りのモーメントの合計　右辺：反時計回りのモーメントの合計）

より，x=【50】

よって，ばねののびは，$0.1 \times 50 = 5$cm

②ばねののびからばねを引く力を求めて，てこのつり合いから力の大きさ（おもりの重さ）を求める。

例：図2で，1gで0.1cmのびるばねが5cmのびているとし，てこがつり合っているとする。このとき，ばねには$5 \div 0.1 = 50$gの力がかかっている。よって，

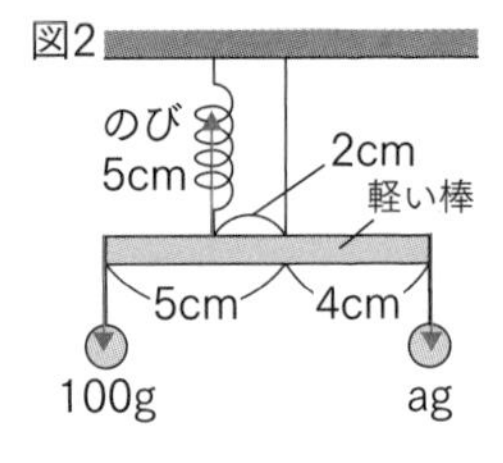

$50 \times 2 + a \times 4 = 100 \times 5$
（左辺：時計回りのモーメントの合計　右辺：反時計回りのモーメントの合計）

より，a=【100】

支点が2つあるてことみて，モーメントのつり合いを考えるんだね。

問題演習

ゼッタイに押さえるべきポイント

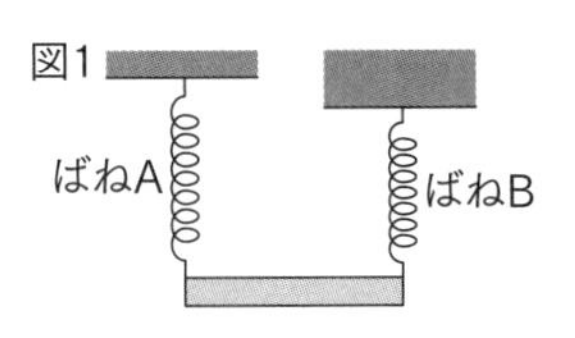

□図1のように，10gのおもりをつけると2cmのびるばねAと，1cmのびるばねBに，40gの重さが均一な棒(ぼう)の両端をつり下げた。ばねをつり下げる高さを調節して棒が水平になるようにしたとき，ばねAののびは【4】cm，ばねBののびは【2】cmである。

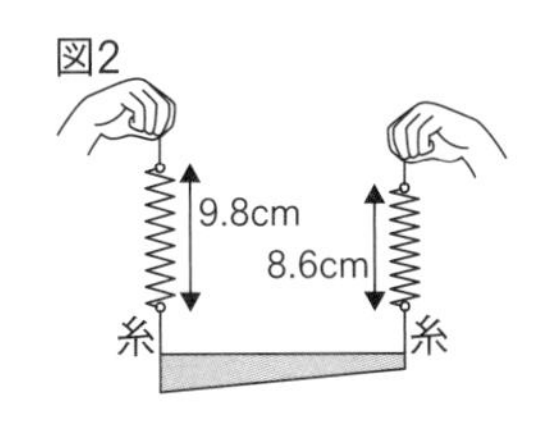

□120gのおもりをつるすと長さが9.2cmになり，180gのおもりをつるすと長さが9.8cmになるばねAがある。図2のように，2本のばねAに，一様(いちよう)でない棒の両端をつり下げると，左のばねAの長さが9.8cm，右のばねAの長さが8.6cmになった。このとき，棒の重さは【240】gである。

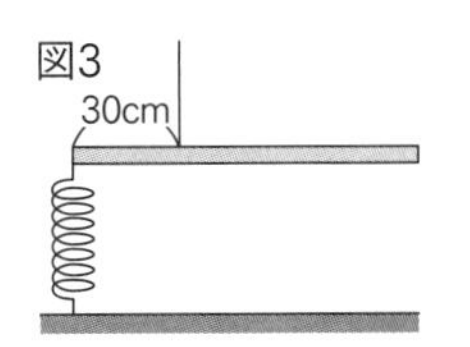

□10gのおもりをつるすと1cmのびる軽いばねで，長さ100cm，重さ330gの一様な棒の左端と床をつなぎ，左端から30cmのところに糸をつけてつり下げた（図3）。棒が水平になって全体がつり合ったとき，ばねののびは【22】cmである。

（巣鴨中・広島学院中など）

入試で差がつくポイント 解説➡p150

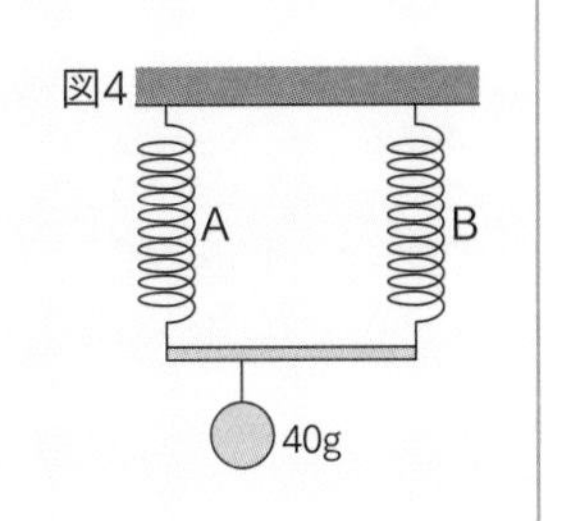

□図4のように，10gのおもりをつけると5cmのびるばねAと，3cmのびるばねBを，長さ60cmの軽い棒の両端につないだ。ばねAとBのもとの長さが同じとき，棒の左端から【37.5】cmのところに40gのおもりをつけると，棒が水平になる。

（修道中・サレジオ学院中など）

テーマ11 力　物の浮き沈み①

要点をチェック

〈水圧と浮力〉

図1

この差が
浮力に
なる

- 物体が水の重さによって1m^2あたりに受ける力を【水圧】という。
- 水圧は水面からの【深さ】に比例して大きくなる。そのため，水中にある物体には，物体の上の面と下の面にはたらく【水圧の差】によって，上向きの力がはたらく。これを【浮力】という。

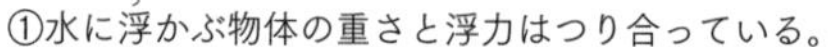

①水に浮かぶ物体の重さと浮力はつり合っている。

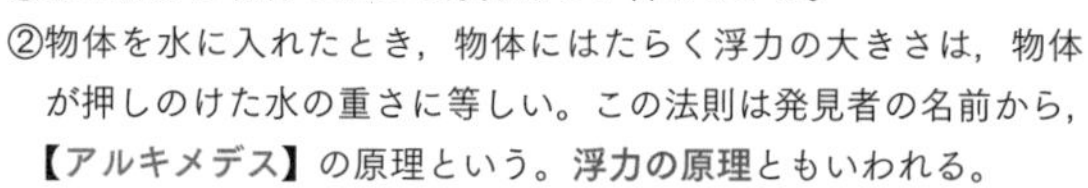

②物体を水に入れたとき，物体にはたらく浮力の大きさは，物体が押しのけた水の重さに等しい。この法則は発見者の名前から，【アルキメデス】の原理という。**浮力の原理**ともいわれる。

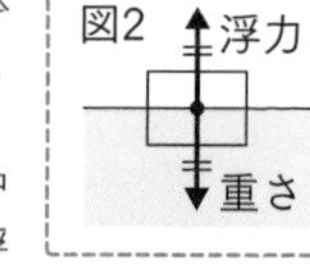

- 物体が水に浮いているとき，押しのけた水の体積は，物体の水中に入っている部分の体積である。水1cm^3の重さを1gとすると，浮力の大きさ（物体の重さ）から，水中に入っている部分の体積がわかる。

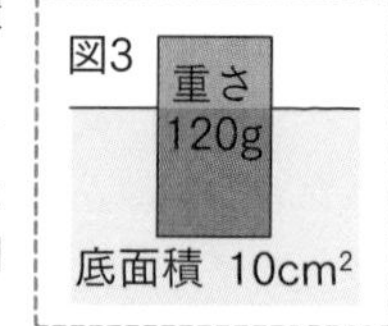

例：図3で，底面積が10cm^2，重さ120gの直方体が水に浮いているとき，この直方体の，水中に入っている部分の体積は【120】cm^3だから，水中に入っている部分の深さは【12】cmとなる。

③物体にはたらく浮力よりも物体の重さが【大き】いとき，物体は沈む。

〈浮力と台ばかり〉

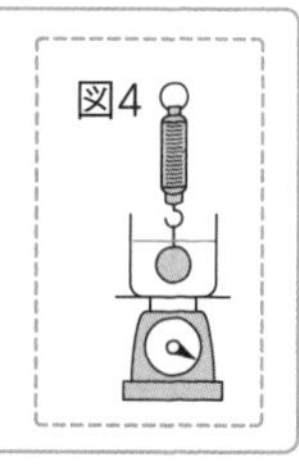

- 図4のように，台ばかりに水の入った水槽をのせ，その水槽に物体をばねばかりにつるしたまま沈めたとき，物体が水槽の底から離れていれば，

①ばねばかりが指す目盛り＝物体の重さ－【浮力】

②台ばかりが指す目盛り＝水槽と水の重さ＋【浮力】

面積1m^2あたりに加える（受ける）力を圧力というよ。

問題演習

ゼッタイに押さえるべきポイント

□図1のア～ウのうち，水槽にあいた穴から出る水の出方として正しいものは，【ア】である。
（南山中女子部・鎌倉女学院中など）

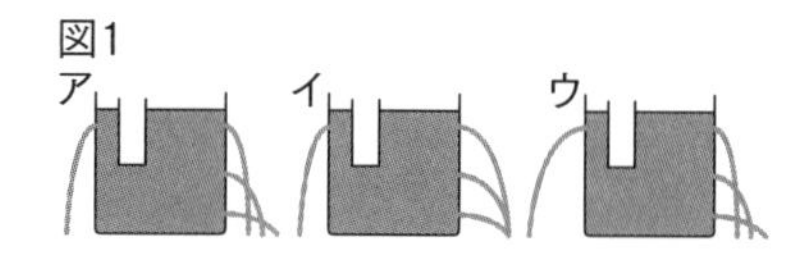

□液体中にある物体は，物体が押しのけた液体の重さと同じ大きさで上向きの力（浮力）を受ける。この性質を【アルキメデス】の原理という。
（中央大学附属横浜中など）

□底面積50cm^2，高さ5cmの直方体を水に浮かべると，上面が水面と平行になって2cmだけ水の上に出た。このとき，直方体の重さは【150】gである。また，直方体の上に【100】gのおもりをのせると，直方体の上面が水面と同じ高さになる。ただし，水1cm^{3}あたりの重さを1gとする。（城北中など）

□水を入れて全体の重さが500gになったビーカーに，ばねばかりでつるされた重さ300g，体積100cm^{3}のおもりを入れた。これを図2のように，ビーカーごと台ばかりにのせたとき，おもりには【100】g分の浮力がはたらき，ばねばかりが示した値は【200】g，台ばかりが示した値は【600】gである。ただし，水1cm^{3}あたりの重さを1gとする。
（高槻中・品川女子学院中等部など）

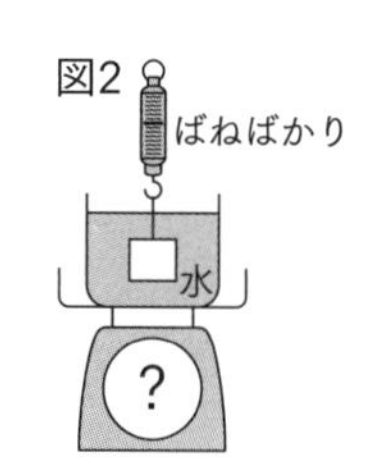

入試で差がつくポイント 解説➡p151

高さが10cm，底面積が10cm^{2}の直方体の物体Aがある。この物体Aを図3のように水に入れると，高さ10cmのうち，6cmが沈んで水に浮いた。ただし，水1cm^{3}あたりの重さを1gとする。
（江戸川学園取手中など）

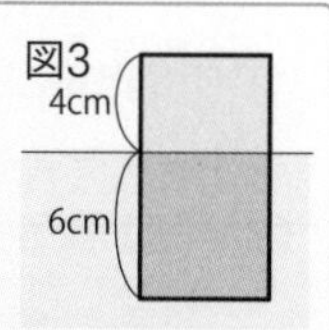

□物体Aの重さは【60】gである。
（慶應義塾普通部など）

□密度1.1g/cm^{3}の食塩水に50cm^{3}の物体Bが沈んでいる。物体Bにはたらく浮力の大きさは【55】gである。

□密度がわからない食塩水に物体Aを入れると，高さ10cmのうち5cmが沈んで食塩水に浮いた。この食塩水の密度は【1.2】g/cm^{3}である。

テーマ12 力　物の浮き沈み②

要点をチェック

- 物質1cm^{3}あたりの重さは物質の種類や状態によって決まる。これをその物質の【密度(みつど)】といい，固体や液体の密度には，g/cm^{3}という単位がよく用いられる。

〈物体の浮(う)き沈(しず)みと密度〉

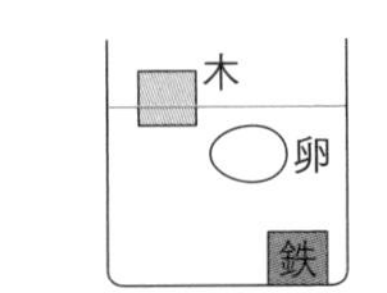

①物体の密度＜液体の密度のとき，
物体は【浮(う)く】。
②物体の密度＝液体の密度のとき，
物体は【液体の中で止まる】。
③物体の密度＞液体の密度のとき，
物体は【沈(しず)む】。

〈さまざまな液体・気体中の浮力(ふりょく)〉

①浮力は，水だけでなく，水溶液や水以外の液体に入れた物体にもはたらく。
液体の密度が大きいほど，物体にはたらく浮力は大きくなる。
例えば，真水よりうすい食塩水の方が，うすい食塩水より濃(こ)い食塩水の方が密度が大きいので，その中の物体はより大きな浮力を受ける（→テーマ62）。
同じ物体を入れて，両方とも沈んだ場合，食塩水と水では，食塩水の方が浮力は【大き】い。両方とも浮かんだ場合，水面より上の部分の体積は食塩水の方が【大き】い。
②空気中の物体にも，物体の上の面と下の面にはたらく【大気圧(たいきあつ)】の差によって，上向きの力がはたらく。これも【浮力】といい,【気球】はこの力を利用して空に浮かんでいる。

〈物質の状態と密度〉

- ふつう，物質は固体→液体→気体と状態が変化すると，密度が【小さ】くなる（体積が増える）。
- 水は他の物質とは異なり，液体から固体の氷に状態が変化すると，密度が【小さく】なる（体積が【増え】る）。氷が水に浮かぶのはそのためである。

油が水に浮くのも，
油の密度が水より
小さいからだよ。

問題演習

ゼッタイに押さえるべきポイント

□物体が水に浮くか沈むかは，物体の1cm³あたりの【重さ】で決まる。

（大妻中など）

□一辺が2cm，重さが9.6gの立方体において，1cm³あたりの重さは【1.2】gである。水は1cm³あたりの重さが1gなので，この立方体を水に入れたとき，立方体は【沈む】。（中央大学附属横浜中・浦和明の星女子中など）

□純金であるはずの王冠（おうかん）と，その王冠と同じ重さの金のかたまりをてんびんの両端につないだ。これを水槽（すいそう）の水に静かに沈めたところ，てんびんはかたむいた。てんびんがかたむくのは王冠と金のかたまりの【浮力】が異なっているからであり，それは【密度】のちがいによって起こる。王冠と金のかたまりは重さが同じなのに，【体積】がちがっているということである。このことから，王冠には混ぜものがふくまれていると判断できる。

（鷗友学園女子中など）

□ヨルダンとイスラエルの国境にある湖の死海は，一般的な海や湖よりも浮力が大きく体が浮きやすい。これは，塩分が【多】く，【密度】が【大きい】からである。

□油だけが入ったコップに氷を入れたところ，コップの底に氷が沈んだ。このことから水と油の入ったコップに氷を入れると，氷は下層の【水】と上層の【油】の【境界面】に浮く。（鎌倉女学院中・立教女学院中など）

入試で差がつくポイント 解説➡p151

□膨（ふく）らんだ気球は，押しのけた外の空気の重さに等しい浮力を受ける。浮き上がるためには，気球が膨らんだとき「気球と同じ体積の外の空気の重さ」から「気球内の空気の重さ」を引いた値より「気球の荷物の重さ」を小さくする必要がある。外の空気1Lあたりの重さを1.2g，気球内の空気1Lあたりの重さを0.7g，気球内の空気の体積を560m³とし，気球の荷物が押しのけた空気の体積は考えないものとすると，気球が浮き上がるには「気球の荷物の重さ」を【280】kg未満にすればよい。ここで，1m³＝1000Lである。

（芝中など）

テーマ13 電気
直列つなぎと並列つなぎ

要点をチェック

〈回路〉

- 乾電池と豆電球を導線でつなぐと，乾電池の【＋極】から電気が流れ出て，豆電球が点灯し，乾電池の【－極】に電気が流れこむ。
  このように電気が流れる道筋を【回路】という（図1）。次のような記号を使う。

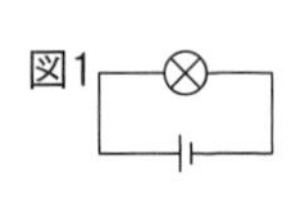

乾電池	豆電球	電熱線	スイッチ	電流計	電圧計	導線

① 【電流】：回路での電気の流れ。
② 【電圧】：乾電池などの，回路で電流を流すはたらき。
③ 【抵抗】：豆電球などの，回路で電流の流れをさまたげるはたらき。

〈直列回路〉

- 【直列回路】：電源や抵抗が枝分かれせずに一列に並んだ回路。
  直列につないだ豆電球の一方を外すと，もう一方の豆電球は消え【る】。
  ①流れる電流の大きさは，どこでも【等しい】。
  ②電圧は，測る区間によって【異なる】。
  ③豆電球の直列つなぎ（図2）：図1と比べると，豆電球は【暗く】なり，乾電池は【長持ちする】。
  ④乾電池の直列つなぎ（図3）：図1と比べると，豆電球は【明るく】なり，乾電池は【早くなくなる】。

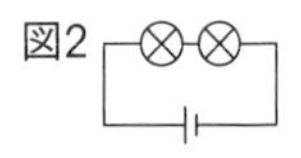

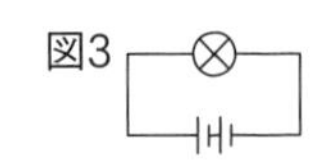

〈並列回路〉

- 【並列回路】：電源や抵抗が2列以上に枝分かれして並んだ回路。
  並列につないだ豆電球の一方を外しても，もう一方の豆電球は消え【ない】。
  ①電圧は，どの区間でも【等しい】。
  ②回路を流れる電流の大きさは，場所によって【異なる】。
  ③豆電球の並列つなぎ（図4）：図1と比べると，明るさは【変わらず】，乾電池は【早くなくなる】。
  ④乾電池の並列つなぎ（図5）：図1と比べると，明るさは【変わらず】，乾電池は【長持ちする】。

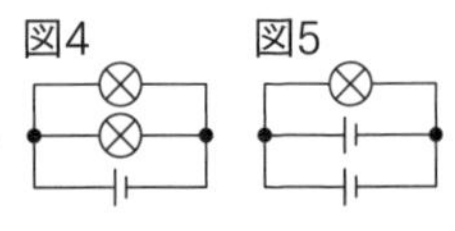

問題演習

ゼッタイに押さえるべきポイント

（特にことわりがない場合，豆電球や乾電池はすべて同じものとする。）

□図1のア～エの回路のうち，豆電球1つをソケットから外しても，もう1つの豆電球が消えないのは【イ，エ】である。

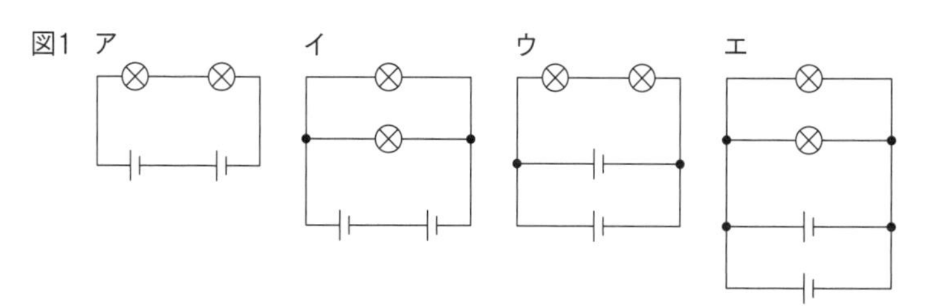

□図1のア～エの回路のうち，豆電球が一番明るいのは【イ】，一番暗いのは【ウ】である。　（青稜中など）

□図2の回路において，最(もっと)も明るく光る豆電球は豆電球【C】である。

（公文国際学園中等部・愛光中など）

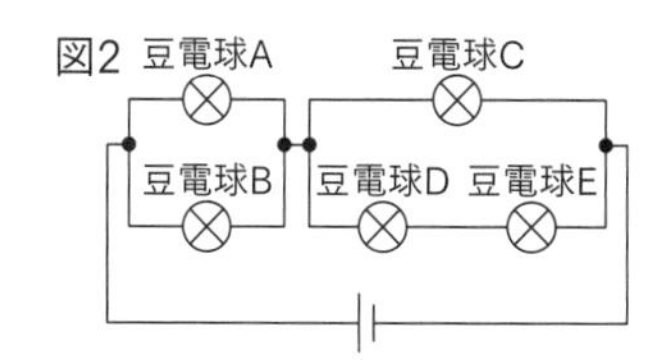

入試で差がつくポイント 解説➡p151

□下のア～ケのうち，乾電池が最も長持ちするのは【カ】で，乾電池が最も早く使えなくなるのは【ク】である。　（暁星中・金蘭千里中など）

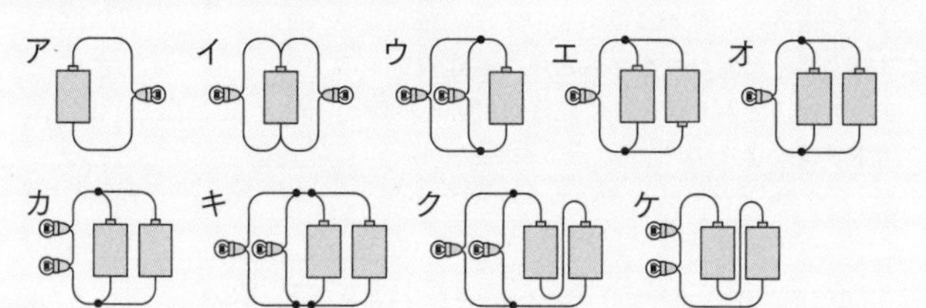

直列回路と並列回路のちがいをしっかり理解しておこう！

テーマ14 電気　オームの法則

要点をチェック

- 回路を流れる電流の大きさ（単位はA（アンペア））は，電圧（単位はV（ボルト））に【比例】し，抵抗（ていこう）（単位はΩ（オーム））に【反比例】する。これを**オームの法則**という。

オームの法則：電圧[V]＝電流[A]×抵抗[Ω]

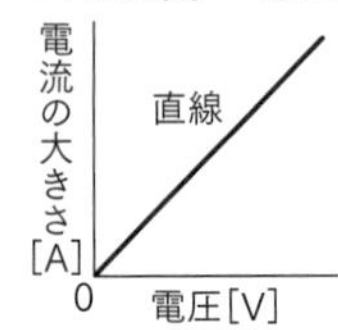

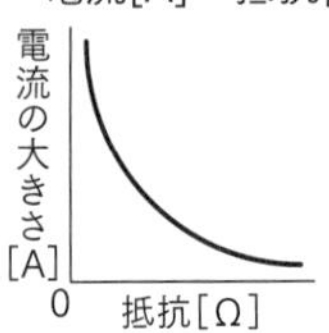

- 直列回路（ちょくれつかいろ）において，乾（かん）電池が多いほど電流は大きくなり，豆電球が多いほど電流は小さくなる。
乾電池1個と豆電球1個をつないだときの電流の大きさを1とすると，
直列回路の電流の大きさ＝【乾電池】の直列個数÷【豆電球】の直列個数
が成り立つ。

- 同じ豆電球を何個並列（へいれつ）につないでも，それぞれの豆電球に流れる電流の大きさは豆電球が1個の場合と【同じ】である。

〈直列と並列が混ざった回路〉

- 右図のように，同じ豆電球の直列つなぎと並列つなぎが混ざっている場合は，次のように考える。豆電球1個の抵抗を1とすると，並列つなぎの部分は抵抗が【$\frac{1}{2}$】になっている。抵抗1の豆電球と抵抗$\frac{1}{2}$の並列部分が直列につながっているので，回路全体の抵抗は【$\frac{3}{2}$】。電流の大きさは電圧に反比例するので，回路全体に流れる電流は，乾電池1個，豆電球1個の回路の【$\frac{2}{3}$】となる。

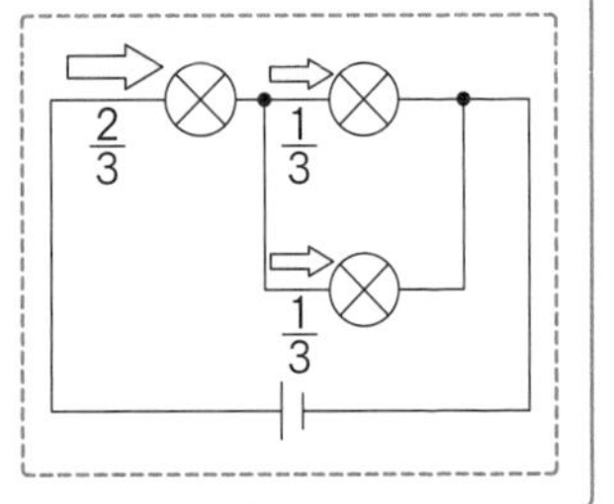

問題演習

ゼッタイに押さえるべきポイント

□電熱線に電流を流したとき，電熱線にかかる電圧（単位はV）と，それに流れる電流の大きさ(単位はA)は比例することがわかっている。このことから，「電圧【÷】電流」の値は一定であることがいえる。この値を抵抗値（単位はΩ）という。ある電熱線に6.0Vの電圧をかけたところ，0.30Aの電流が流れた。この電熱線の抵抗値は【20】Ωである。（海城中など）

□ニクロム線を電池につないで，ニクロム線の長さと電流の関係を調べたところ，図1のようになった。この図より，ニクロム線を流れる電流の大きさはニクロム線の長さに【反比例】することがわかる。

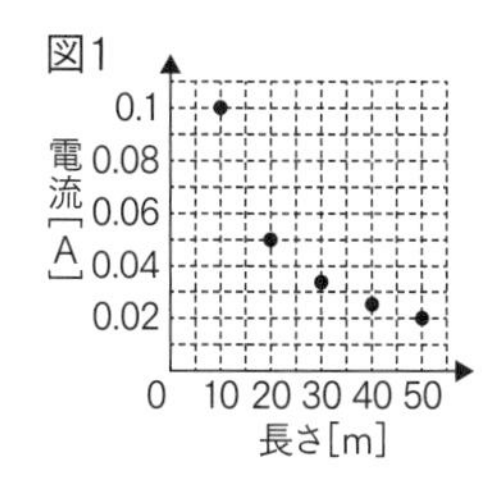

□図2のような回路をつくり，電源の電圧をいろいろと変えたときの豆電球に流れる電流を調べると，図3のような結果になった。図4のように，2個の豆電球をつなぎ，電源の電圧を4Vにしたとき，豆電球に流れる電流は【0.1】Aになる。（聖光学院中など）

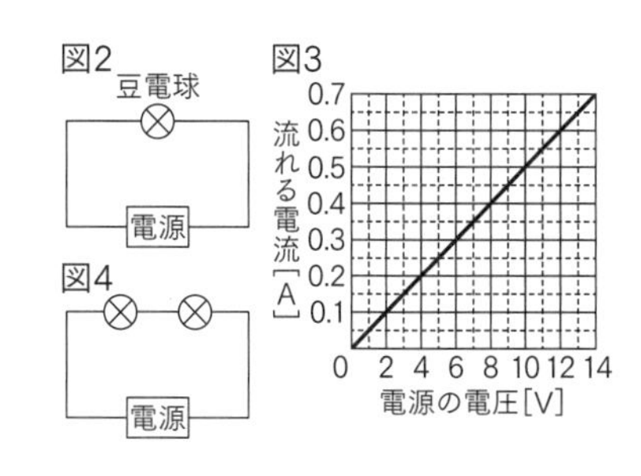

入試で差がつくポイント

解説➡p151

□同じ豆電球をつないだとき，図5と図6の点アを流れる電流の大きさは【同じ】である。
（東洋英和女学院中学部など）

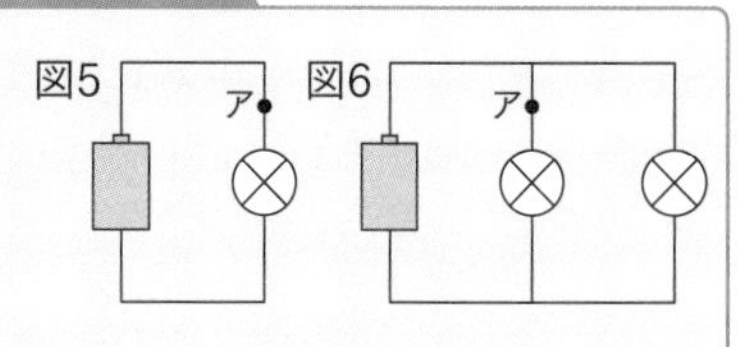

テーマ15 電気　特別な回路

要点をチェック

- 回路で電流はできるだけ抵抗(ていこう)のない部分を通ろうとする。
  例：図１で，豆電球Bに電流は流れ【ない】。

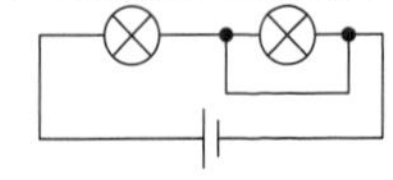

- この性質によって，電流が1つの抵抗も通らずに電池と導線(どうせん)だけを流れることを【ショート】という。
  ショートが起こると，【大き】な電流が流れてたいへん危険である。
- 電流が乾(かん)電池の＋極(プラスきょく)から出て，電気器具を通り，−極(マイナスきょく)に入ってくるようにつながないと，電気器具は使えない。
  ①まちがった乾電池の直列(ちょくれつ)つなぎ　②まちがった乾電池の並列(へいれつ)つなぎ

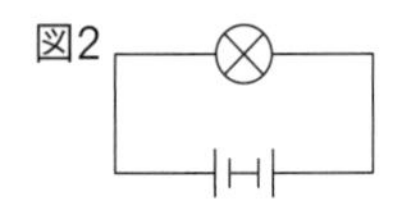

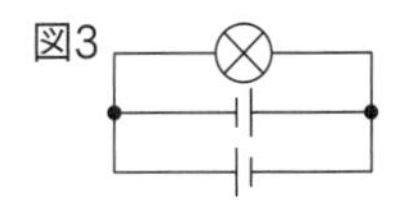

〈スイッチを使った回路〉

- スイッチを使うと，次のような回路ができる。
  ①1か所で電気をつけたり消したりできる。
  ②三路スイッチというスイッチを【2個】使うと，2か所のどちらでも電気をつけたり消したりすることができる。
  ③四路スイッチというスイッチ1個を三路スイッチ2個の【間】につなぐと，3か所のどこでも電気をつけたり消したりすることができる。

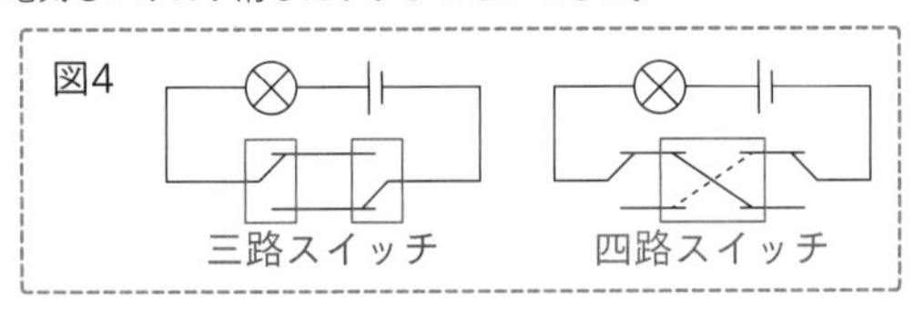

  ④スイッチによって，電流の流れ方を変えられる。
  例：図5の回路で，
  スイッチを入れる前→豆電球Aと，BとCの並列つなぎが，直列につながっている。
  スイッチを入れた後→豆電球【A】に電流が流れなくなる。

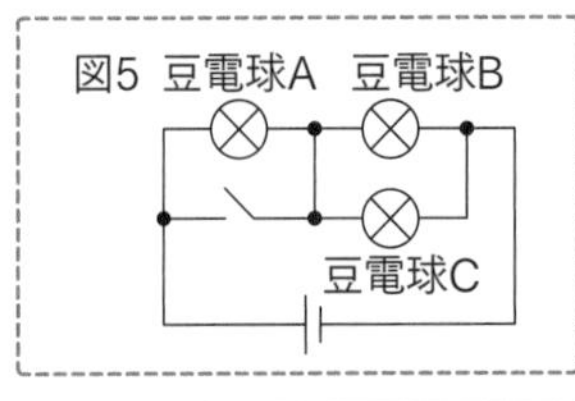

問題演習

ゼッタイに押さえるべきポイント

□図1の回路で豆電球が点灯しているときにスイッチを入れると，豆電球は【消える】。

（東洋英和女学院中学部など）

図1

□図2の豆電球②の明るさは，スイッチを切りかえる前は図3の豆電球と【同じ】であるが，スイッチを切りかえると図3の豆電球より【暗く】なる。

□図4の回路は，【どちらか一方】のスイッチを【1】回切りかえれば，明かりがついた状態と消えた状態を切りかえられる。

（國學院大學久我山中など）

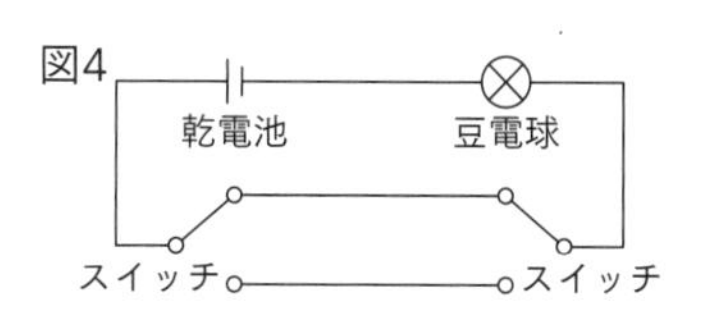

入試で差がつくポイント 解説→p151

□図5の回路で3つのスイッチの【どれか1つ】を【1】回切りかえれば，電球をつけたり消したりできる。ただし，中央のスイッチは，1回の操作でaとb，cとdが接続されている状態と，aとd，bとcが接続されている状態が切りかわる。（吉祥女子中など）

□5つの豆電球ア～オと電源装置を導線でつなぎ，電流を流して豆電球の明るさを調べた。図6において，豆電球アと同じ明るさで点灯しているのは【イ，ウ，エ】である。

（芝中など）

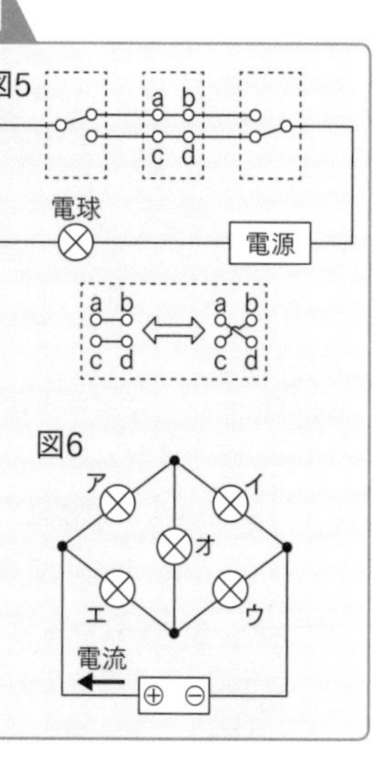

3つの乾電池が直列につながっていて，1つだけ反対向きのときは，乾電池1つ分の電流が流れるよ。

テーマ16 電気
電流計と電圧計の使い方

要点をチェック

〈電流計・電圧計のつなぎ方〉

- 計測したい部分に対して，
  ①電流計（回路図の記号はⒶ）は【直列】につなぐ。
  （直列につながれている部分はすべて電流の大きさが等しいことを利用）
  ②電圧計は（回路図の記号はⓋ）【並列】につなぐ。
  （並列につながれている部分はすべて電圧が等しいことを利用）

- 電流計，電圧計の＋端子（赤色）は，電池の【＋極】側につなぐ。
- 電流計，電圧計の－端子（黒色）は3つあり，そのそれぞれに計測できる電流や電圧の【最大値】が表示されている。その値より大きい電流が流れたり電圧がかかったりするとこわれてしまうため，一番【大きな】値の端子を使って計測する。針のふれが小さすぎるときは，1つ小さな－端子につなぎかえる。

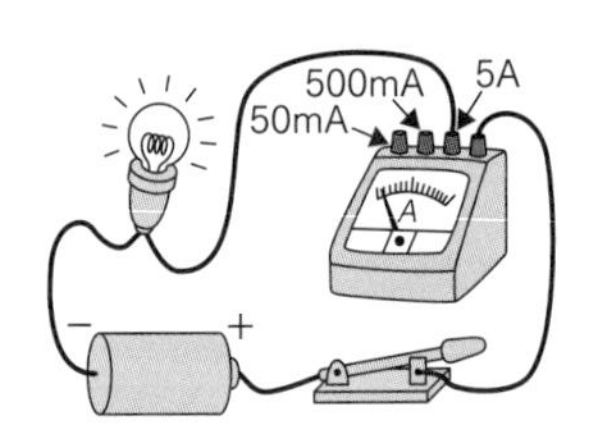

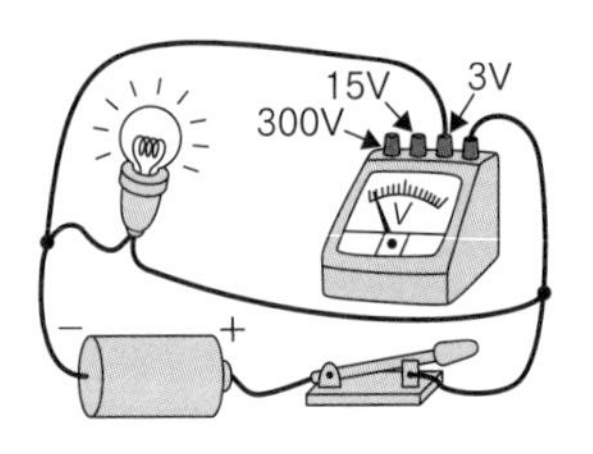

- 接続している－端子の値によって，使用する目盛りがちがう。
  例：右図の電流計で，－端子が，
  5Aの場合→電流は1.5A
  500mAの場合→電流は150mA
  50mAの場合→電流は15mA
  （500mAの場合の数値が書かれていないこともある）

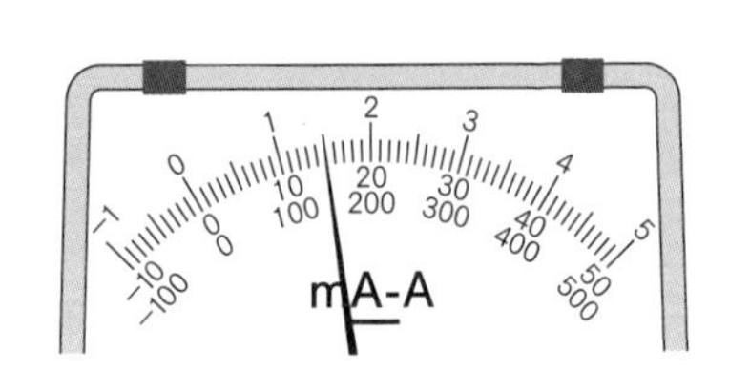

問題演習

ゼッタイに押さえるべきポイント

□回路に流れる電流と抵抗(ていこう)Rにかかる電圧を測定するために，電流計と電圧計をつなぐとき，ア～エのうち，正しいつなぎ方は【ウ】である。

（江戸川学園取手中・青稜中など）

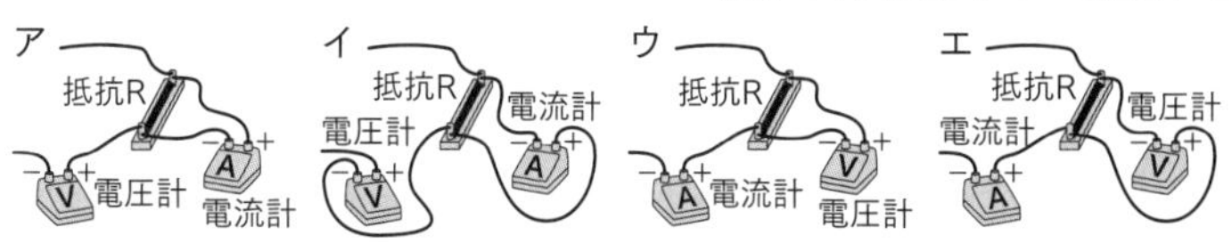

□回路に接続する電流計の－端子は，初(はじ)め，【5A】の－端子にするべきである。

（金蘭千里中・駒場東邦中など）

□電流計に【大き】な電流が流れてしまうため，電流計に電池だけをつないではいけない。

（お茶の水女子大学附属中など）

□導線(どうせん)を電流計の＋端子と500mA端子につないだところ，右のように針がふれた。このとき，電流の大きさは【300mA】である。

（中央大学附属中など）

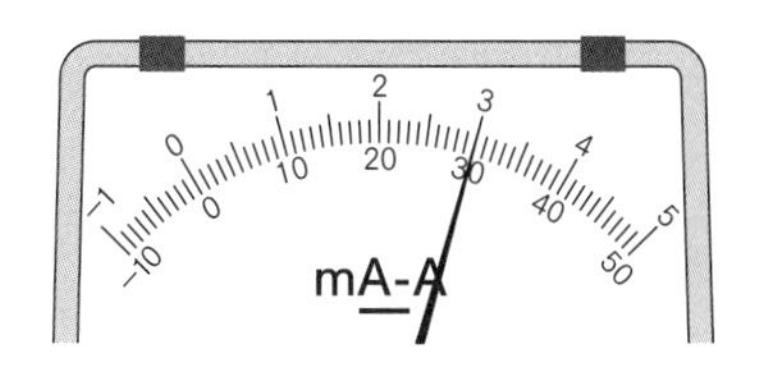

入試で差がつくポイント 解説➡p151

解説➡p151

□電球などの電気器具と同様に，電流計や電圧計自体にも抵抗があり，その抵抗の大きさによっては測定結果に影響(えいきょう)が出る。測定結果に影響しないようにするために，電流計の抵抗は【小さく】，電圧計の抵抗は【大きく】なっている。

（頌栄女子学院中など）

1A＝1000mAだから，
0.1A＝100mA，
0.01A＝10mAだね。

テーマ17 電気　静電気

要点をチェック

• すべての原子(げんし)には＋(プラス)の電気をもつ【陽子(ようし)】と－(マイナス)の電気をもつ【電子(でんし)】がある。2種類の異なる物質をこすり合わせると，一方の物質から他方の物質に【電子】が移動するため，それぞれの物質は電気を帯びてたがいに引き合う。このような電気を【静電気(せいでんき)】といい，電気を帯びた物体を帯電体(たいでんたい)という。電子が増えた物質は【－】に帯電し，電子が減った物質は【＋】に帯電する。

〈帯電体どうしの間にはたらく力〉

①＋と＋，または－と－の帯電体は【反発し合う】。
②＋と－の帯電体は【引き合う】。
③この力は，離(はな)れていてもはたらく。

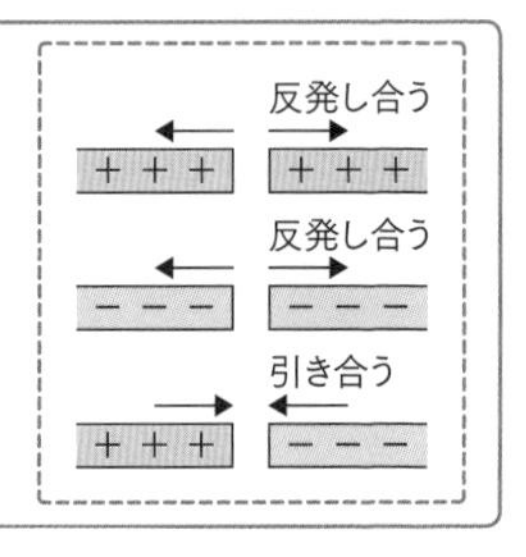

• ＋，－のどちらの電気を帯びるかは，物質の組み合わせによって変わる。
• ＋と－の帯電体がふれ合ったとき，－の帯電体から＋の帯電体に【電子】が移動して，【電気量(でんきりょう)】（移動している電子の数）によって，次のいずれかが起こる。
　①（＋の電気量）＞（－の電気量）のとき，両方とも＋の帯電体になる。
　②（＋の電気量）＝（－の電気量）のとき，帯電体ではなくなる。
　③（＋の電気量）＜（－の電気量）のとき，両方とも－の帯電体になる。
• ＋と＋の帯電体，または－と－の帯電体がふれ合ったとき，電子の多い方から少ない方へ電子が移動して，2つの帯電体の電気量は【同じになる】。

場合によっては，電子が空気中を飛んで移動することもあるよ。

雷も静電気のなかまだよ。

問題演習

ゼッタイに押さえるべきポイント

□静電気は空気の湿度(しつど)が【低い】と発生しやすく，湿度が【高い】と発生しにくい。

□共に電気をもたないストローとティッシュペーパーをこすり合わせたとき，ティッシュペーパーがもった電気を＋の電気，ストローがもった電気を－の電気とする。このストローとティッシュペーパーの間に引き合う力がはたらくことから，【異なる】種類の電気をもつものどうしに引き合う力がはたらくことがわかる。また，電気をもたない2本のストローを，電気をもたないティッシュペーパーでそれぞれこすり，その2本のストローをたがいに近づけると反発し合う力がはたらくことから，【同じ】種類の電気をもつものどうしには反発し合う力がはたらくと考えられる。（吉祥女子中など）

□下表によれば，1円玉を毛皮でこすったとき，1円玉は【－】の電気をもつ。また，ティッシュペーパーでこすったポリプロピレン製のストローと，アクリル製のセーターでこすったガラス棒を近づけたとき，【引き合う力】がはたらく。ただし，各物質ははじめ電気をもっていないとする。

（吉祥女子中など）

電気の種類	－の電気をもちやすい ←→ ＋の電気をもちやすい
材質	アクリル，ポリプロピレン，紙，アルミニウム，ガラス，毛皮

入試で差がつくポイント 解説➡p151

□ポリプロピレン製の糸を束ねたものとアクリル製の棒(ぼう)を，それぞれティッシュペーパーでこすり，電気をもつようにした。下のア～エのうち，この2つを近づけたときのようすを表したものは上の表より，【ウ】である。

（吉祥女子中など）

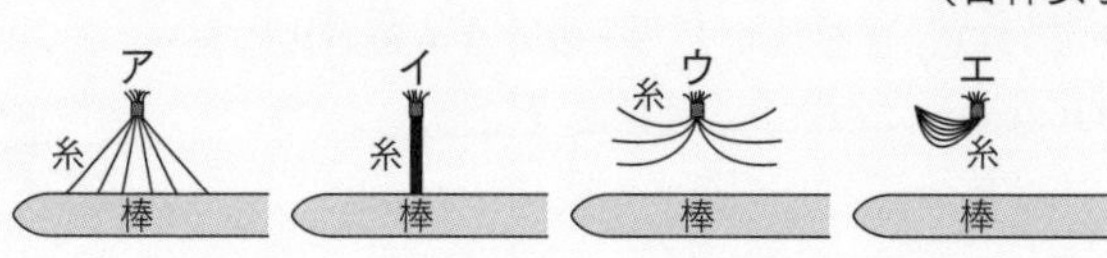

テーマ18 電気 磁石

要点をチェック

〈磁石〉

①磁石が鉄などを引きつける力を【磁力】という。

②磁石に引きつけられる物質には，鉄，【ニッケル】，コバルトなどがある。

③磁石の両端にある磁力が最も強い点を【磁極】という。磁石をつり下げたとき，北を指す方を【N極】，南を指す方を【S極】という。磁石を切っても，N極とS極ができる向きは同じである。

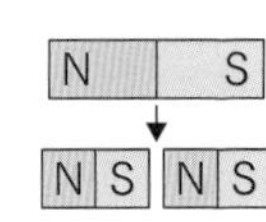

〈2つの磁石の極を近づけたとき〉

①N極とN極，またはS極とS極は【反発し合う】。

②N極とS極は【引き合う】。

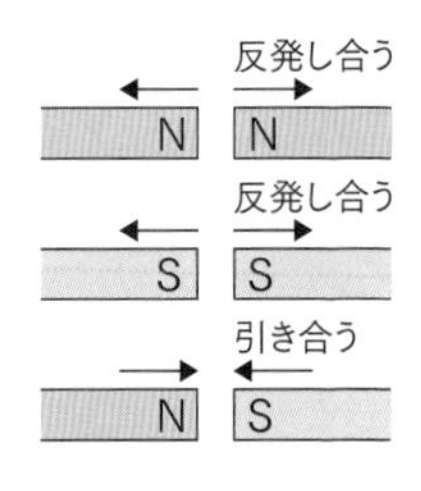

〈磁界・磁力線〉

• 磁力のはたらく空間を**磁界**という。磁石のまわりに鉄粉をふりまくことで，そのようすが見える。鉄粉がつながってできるN極からS極に向かう曲線を【磁力線】という。磁力線の間隔が【せまい】ほど磁力が強い。

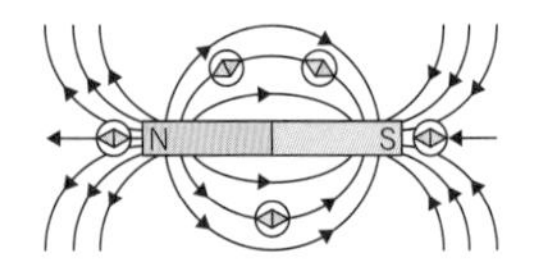

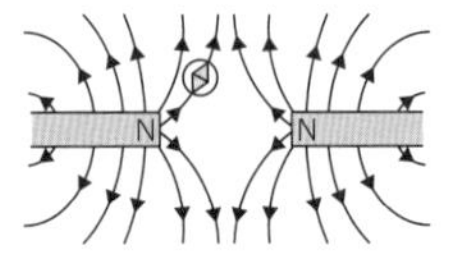

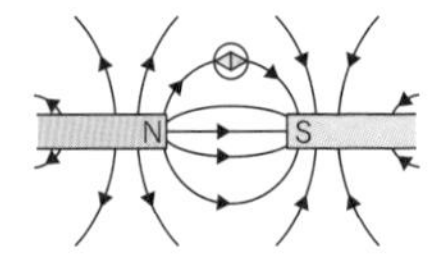

• 磁石の近くに鉄くぎをおくと，そのくぎも磁石の性質をもつようになる。このような現象を【磁化】という。

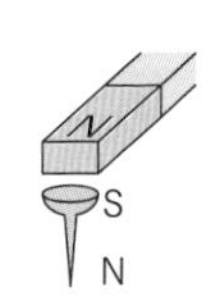

問題演習

ゼッタイに押さえるべきポイント

□棒(ぼう)磁石をひもでつるし，自由に動けるようにすると，S極は【南】をさす。また，S極に別の棒磁石のS極を近づけると【反発し】合い，S極にニッケルを近づけると【引きつけ】られる。

□ゴム磁石を図1のように半分に切ったとき，ⓐは【S】極になっている。
（江戸川学園取手中など）

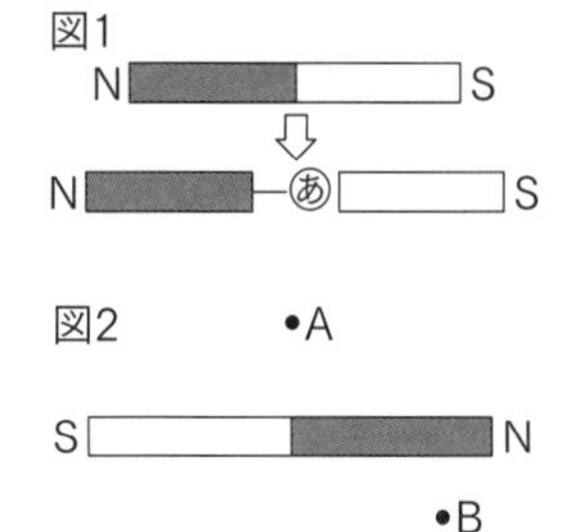

□図2のように棒磁石のまわりの点A，Bに置いた方位磁針のN極は，それぞれ【左】，【左下】の方向を向く。
（頌栄女子学院中など）

図2 •A S N •B

□鉄は磁石ではないが，鉄の棒にN極を近づけることで，磁石に近い側が【S】極に，その反対側が【N】極となるように，鉄が磁石としての性質をもつようになる。（吉祥女子中・南山中女子部など）

□2本の棒磁石の先端(せんたん)に鉄くぎをそれぞれ2個ずつつけ，それぞれの棒磁石を持ち上げる。図3のア，イのうち，鉄くぎがついた方の先端を近づけたときの鉄くぎのようすを表した図として適当なものは，【イ】である。（吉祥女子中・横浜雙葉中など）

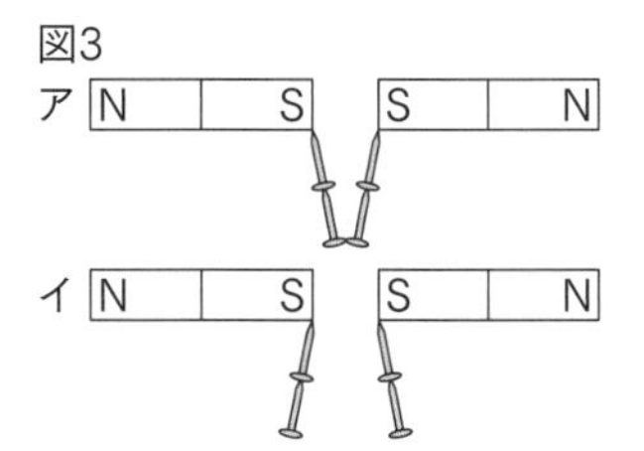

入試で差がつくポイント 解説→p151

□磁石をこれ以上ないほどに細かくしたときにも，磁石の性質は保たれる。これを「小さい磁石」と呼ぶことにすると，磁石は「小さな磁石」が集まってできている。磁石をかなづちでたたくとその磁力が弱くなるのは，「小さな磁石」の【向き】が変わってしまうからである。（麻布中など）

磁化した金属は，
強くたたいたり，
加熱したりすると，
元にもどるよ。

テーマ19 電気
磁界と方位磁針

要点をチェック

- まっすぐな導線に電流を流すと，導線のまわりに【同心円】状の磁界が発生する。磁界の向き（方位磁針のN極が指す向き）は，電流の流れる方向に向かって【右ねじ】をしめるために回す向きと同じになっている。これを【右ねじの法則】という。

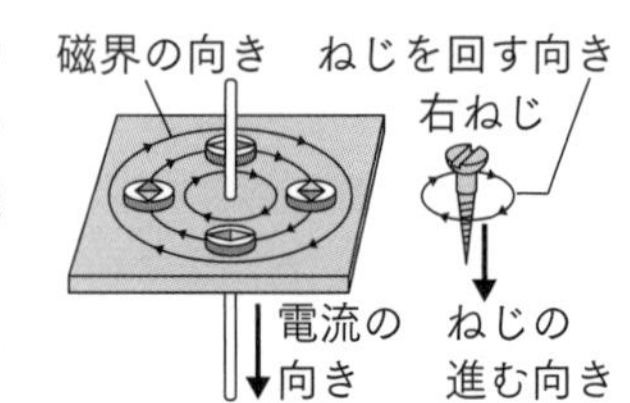

〈方位磁針の針〉

- 電流の流れている導線の上下に方位磁針を置くと，方位磁針の針がふれる。
  ①右手の中指を電流の向きに合わせ，右手と方位磁針で導線をはさみ，親指を直角に開くと，【親指】の向きが方位磁針のN極の動く向きを示す（右ねじの法則で説明できる）。
  ②電流の向きによって，方位磁針の動く向きも【変わる】。
  ③電流が強いほど，方位磁針は【大きく】ふれる。

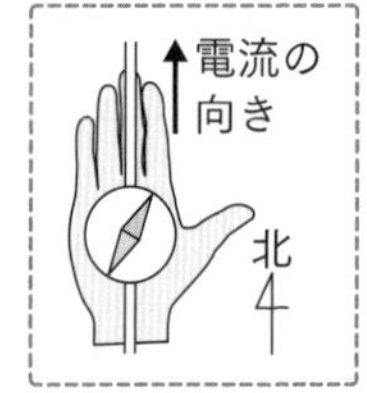

〈針のふれを大きくする〉

- 導線上においた方位磁針のふれを大きくするには，次のような方法がある。
  ①導線に流す電流を【大き】くする。
  ②折り返した【導線の間】に方位磁針をはさむ。

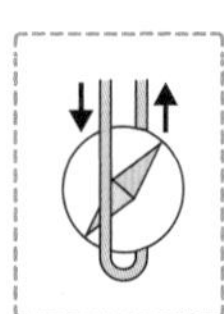

問題演習

ゼッタイに押さえるべきポイント

□図1のように，水平な板に対して垂直に導線を通し，そのまわりの4方位に方位磁針を置き，板の上面から下面方向に電流を流した。このとき，電流を流しても針が動かないのは，導線の【西】の方角に置いた方位磁針である。

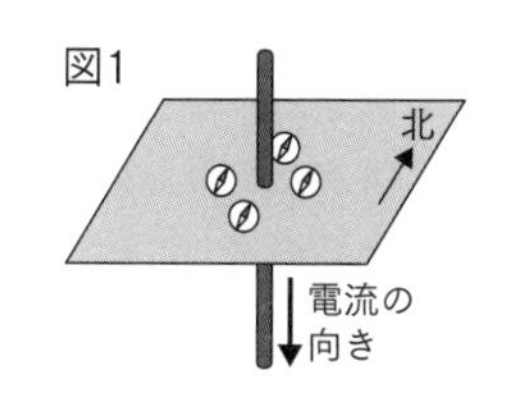

□図2のように，一定の電流を流した導線の上に方位磁針を置くと，方位磁針のN極は北東を指した。図3のように，図2の場合と同じ大きさの電流を流した導線の下に方位磁針を置いたとき，方位磁針のN極は【北西】を指す。

（広尾学園中・共立女子中など）

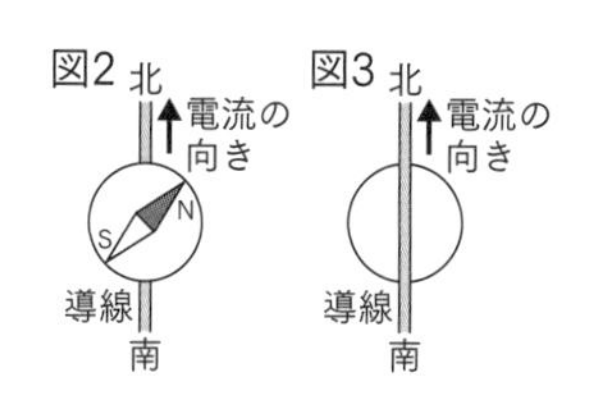

□図4のように，前問と同じ大きさの電流を流した導線の上に方位磁針を置くと，方位磁針のN極は【北】を指す。

（市川中など）

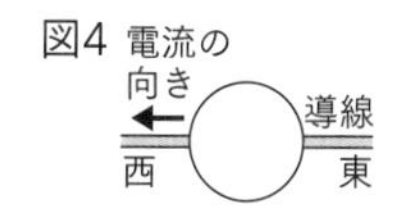

□図5のように，回路の導線の上に方位磁針を置いた。スイッチを閉じたとき，方位磁針は【西】にふれる。

（青山学院中等部など）

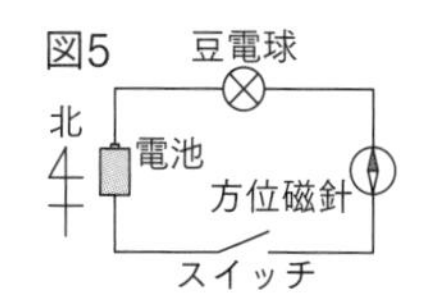

入試で差がつくポイント 解説➡p151

□前問に続けて，図6のように，2つの回路を導線の一部が重なるように置いた。方位磁針は，左の回路の導線の上で，右の回路の導線の下になるように置いてある。スイッチ1，2を両方とも閉じると，方位磁針のN極は図5の場合と比べて，ふれる向きは【同じ】で，ふれ幅が【大きく】なる。

（青山学院中等部など）

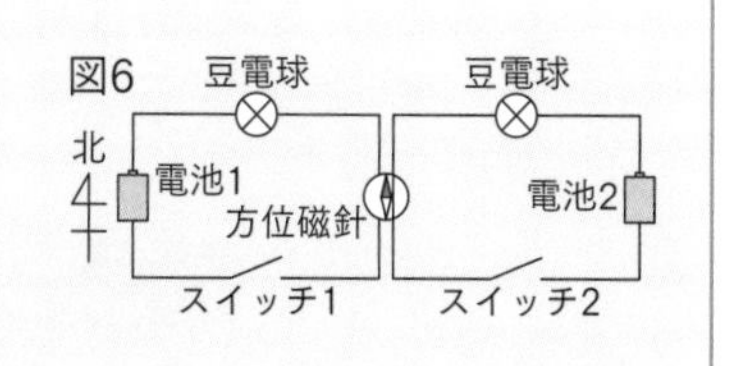

テーマ20 電気　コイルと電磁石

要点をチェック

- 導線をつつの形に何回か巻きつけたものを【コイル】という。これは円形の導線がたくさん重なった形をしているため，電流を流すと，それぞれの円形の導線のまわりにできた磁力が合わさり，コイルの中に強い磁力ができて，棒磁石のようなはたらきをする。
  - ①コイルの磁力線が出ていく方の端が【N極】，入ってくる方の端が【S極】になる。
  - ②右手の親指以外の指を電流の向きに合わせてコイルをにぎり，親指を立てると，親指の方が【N極】になる。

電流の向き
親指が磁界の向きを指す

- コイルの中に鉄心を入れると，コイルだけの磁石より強い磁石ができる。このような磁石を【電磁石】という。鉄心として軟鉄を使うと，**電流が流れているときだけ**磁石にすることができる。コイルの巻き数や電流の大きさによって，電磁石の【強さ】が，電流の向きによって【極】が変わる。

〈電磁石と永久磁石の比較〉

	電磁石（鉄心は軟鉄）	永久磁石
異なる点	・電流が流れているときだけ磁石になる ・磁石の強さを【変えられる】 ・極を【変えられる】	・いつも磁石になっている ・磁石の強さは【変えられない】 ・極は【変えられない】
共通点	・鉄，ニッケル，コバルトなどを引きつける ・N極，S極があり，同じ極どうしは反発し合い，異なる極どうしは引き合う	

問題演習

ゼッタイに押さえるべきポイント

□図1のように，コイルAに電池を接続し，その両側に方位磁針を置いた。すると，左側に置かれた方位磁針のN極は左を指した。このとき，右側に置かれた方位磁針のN極は【左】を指す。

（田園調布学園中等部など）

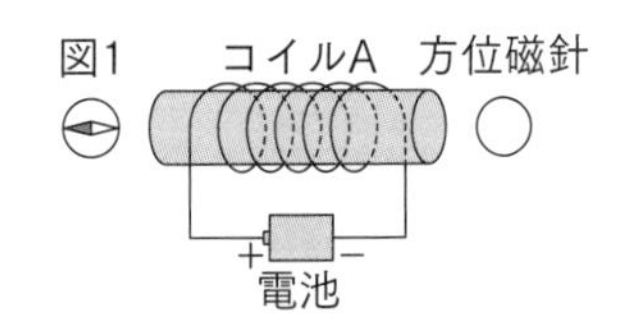

□導線に流れる電流の向きや，鉄の棒のまわりに導線を巻く向きを変えることによって，電磁石の【N極とS極】を変えることができる。（立教新座中など）

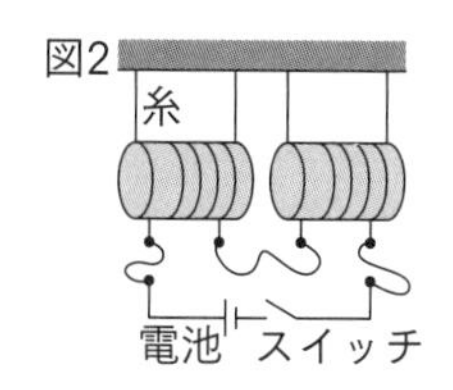

□前問以外の電磁石の性質で永久磁石とはちがう点として電流が【流れている】ときだけ磁石になる，磁石の【強さ】を変えられるなどがある。（田園調布学園中等部など）

□図2のように，2つの電磁石を導線でつなげて糸でつるした。スイッチを入れると電磁石は互いに【引きつけ合う】。（学習院女子中等科など）

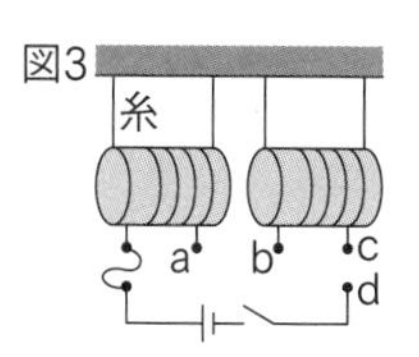

□図3で，2つの電磁石が図2と反対に動くようにするには，【a】と【c】，【b】と【d】をつなげばよい。（学習院女子中等科など）

入試で差がつくポイント 解説➡p151

□図4は，リニアモーターカーのレールの両側に電磁石を置いているようすを上から見たものである。電磁石につながる導線（―●）と電池につながる導線(―○)が重なると，電磁石に電流が流れる。車体が図のAの方向に進み続けるような電池の置き方として正しいものは【ウ】である。（星野学園中など）

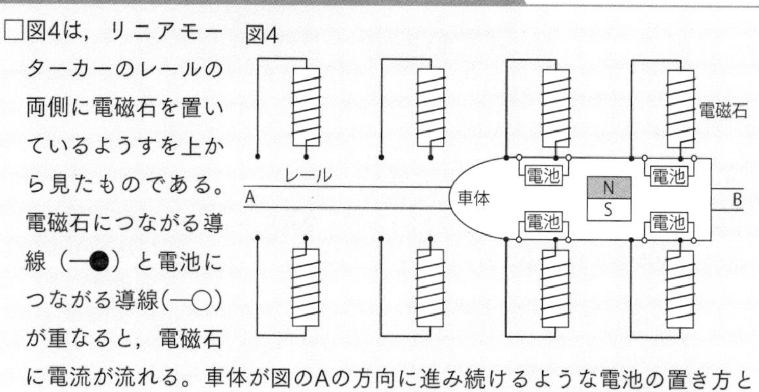

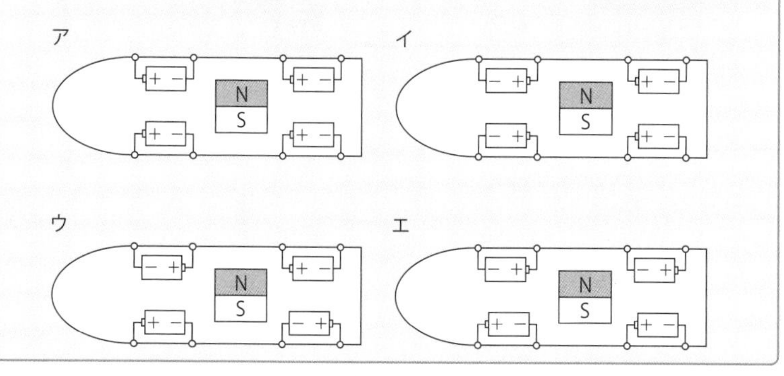

テーマ21 電気　電磁石の強さ

要点をチェック

- 電磁石の磁力を強くするには，次のような方法がある。
  ①コイルに流れる【電流】を大きくする
  ②コイルの【巻き数】を増やす（電流の大きさは一定のまま）
  ③コイルに入れる鉄心を【太】くする
  ④コイルに入れる鉄心の【材質】を変える（磁化されやすいものにする）
  ⑤コイルを巻く間隔を【せま】くする
  ※コイルの巻き数を増やすと抵抗が大きくなるため，流れる電流は小さくなってしまう。このとき，元と同じ大きさの電流が流れるようにするには，電圧を大きくしなければならない。または，コイルの巻き数に関係なく，同じ長さの導線に電流を流すようにすれば，同じ電圧で同じ大きさの電流が流れる。

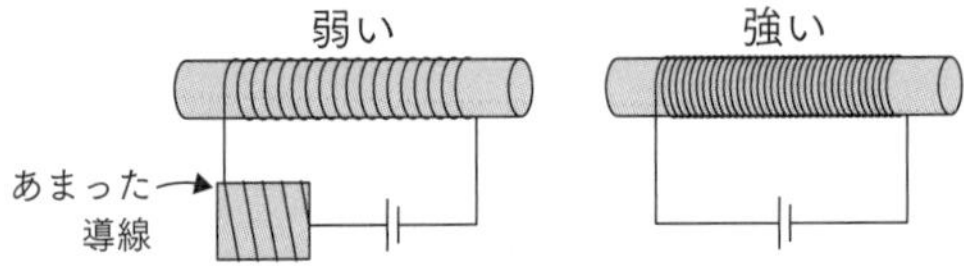

- コイルの長さが同じとき，電磁石の磁力の強さは，
  ①コイルに流れる電流の大きさに【比例する】。
  ②コイルの巻き数に【比例する】。

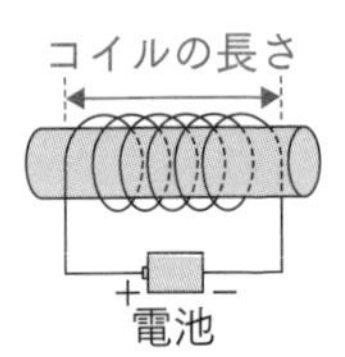

コイルの巻き数を比べるときは，コイルの長さをそろえておこう。

問題演習

ゼッタイに押さえるべきポイント

□コイルの巻き数が多いほど電磁石としてのはたらきは【強く】なる。また直列につなぐ乾(かん)電池の個数が多いほど電磁石としてのはたらきは【強く】なる。
（白百合学園中・青山学院横浜英和中など）

□紙のつつにエナメル線を巻いたコイルに電流を流すとき，コイルの磁力を強くするには紙のつつの中に【鉄心】を入れる方法がある。　（暁星中など）

□コイルの長さが10cmで100回巻，200回巻，300回巻の電磁石に鉄のクリップをくっつけると，その個数は表1のようになった。巻き数が400回のとき，電磁石にくっつくクリップの個数は【48】個と考えられる。

表1

コイルの長さ［cm］	10	10	10
コイルの巻き数［回］	100	200	300
クリップの個数［個］	12	24	36

□コイルの長さが10cmで100回巻きの電磁石，長さが20cmで200回巻きの電磁石，長さが30cmで300回巻きの電磁石に鉄のクリップをくっつけると，その個数は表2のようになった。表1と表2から，電磁石の磁力はコイルの【同じ長さ】あたりの【巻き数】に比例することがわかる。

表2

コイルの長さ［cm］	10	20	30
コイルの巻き数［回］	100	200	300
クリップの個数［個］	12	12	12

入試で差がつくポイント 解説➡p151

□同じ鉄心，同じ数の電池，同じ長さのエナメル線を用いて電磁石をつくり，巻き数の異なる電磁石の強さを比べる実験で，エナメル線のあまった部分を切り取らずに同じ長さのままにするのはなぜか，簡単(かんたん)に説明しなさい。
（ラ・サール中など）

［例：コイルに流れる電流の大きさを同じにするため。］

テーマ22 電気　モーター

要点をチェック

- 【モーター】は，電磁石の性質を利用して，コイルが連続して回転するようにした装置である。モーターのコイル（**電機子**という）は，電流が流れるたびに電磁石になり，それを囲うように置かれた磁石（**界磁石**という）と引き合ったり反発し合ったりすることで回転する。

- モーターのコイルの両端は【整流子】という2個の切れ目が入った金属の軸につながっている。これがコイルといっしょに回るとき，半回転ごとに整流子とふれるブラシが変わり，コイルに流れる電流の【向き】が変わるため，コイルの極が次々に変わるようになっている（図1）。

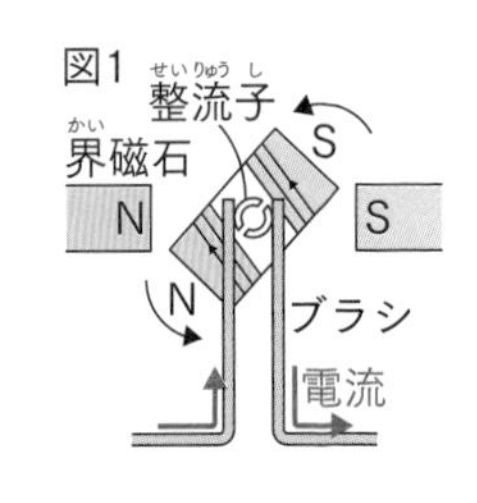

- 磁石の近くの導線に電流を流すと，磁石の磁界と【導線】のまわりにできた磁界が影響し合って，導線を動かす力がはたらく。
  ①磁界，電流，力の向きの関係は，図2のように，それぞれが直角をつくる向きになる（**フレミングの左手の法則**）。
  ②電磁石を使わなくても，この力を利用してモーターをつくることができる。

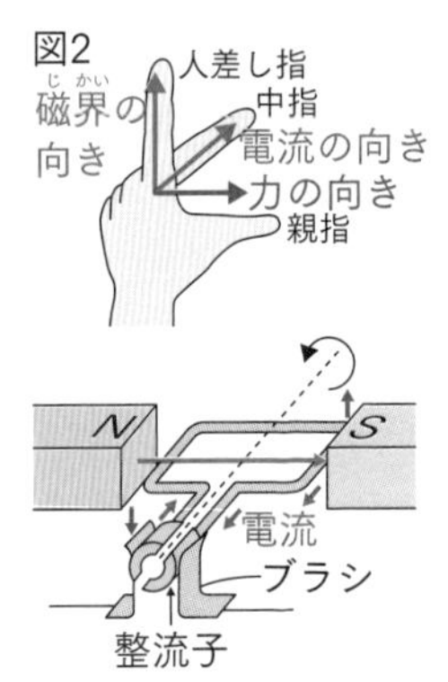

左手を実際に動かしてみて，フレミングの左手の法則を理解しようね。

問題演習

ゼッタイに押さえるべきポイント

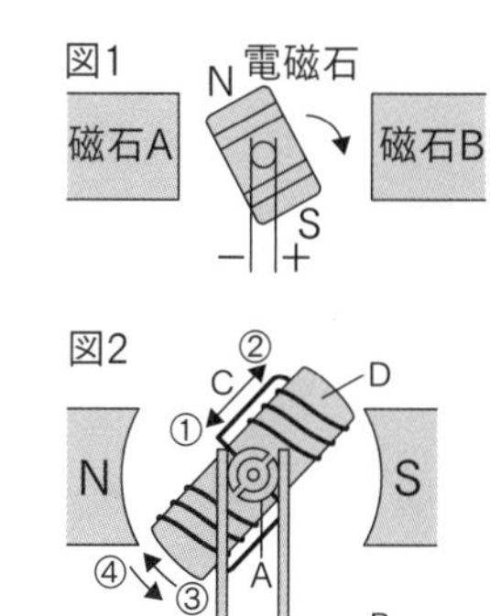

□図1のモーターの電磁石が矢印の方向に回転するとき，磁石のAの部分は【N】極，磁石のBの部分は【S】極である。

□図2は鉄心（てっしん）にコイルを巻いて作ったモーターである。Aは【整流子】，Bは【ブラシ】といい，Aは半回転ごとにコイルに流れる電流の【向き】を入れかえる役割をもつ。（浅野中など）

□図2の状態で，Cの部分は【②】の向きに電流が流れ，Dは【S】極になるから，コイルの回転方向は【④】になる。（浅野中など）

入試で差がつくポイント 解説➡p152

□磁力線の向きと電流の向きによって，導線が受ける力の向きは図4のように決まっている。磁石の間に置いた導線に電流を流すと，導線は図3のようにふれた。このとき，電流は【a】から【b】の向きに流れている。

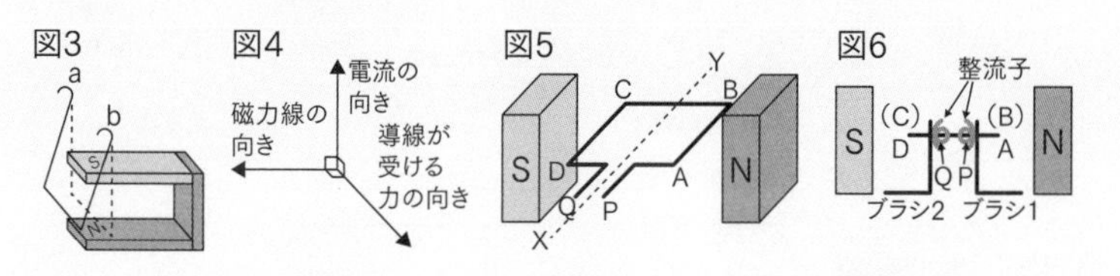

□図5のコイルのPからQへと電流を流すと，コイルは回転を始めるが，図5の状態から4分の1回転したとき，コイルを回転させる力がなくなる。そのため，図6のように【整流子】を使って，コイルが【半回転】するごとに，コイルに流れる電流の向きを切りかえる。（神戸海星女子学院中など）

テーマ23 電気
発電機とコンデンサー

要点をチェック

〈発電機〉

①コイルに磁石を近づけたり遠ざけたりすると，その瞬間(しゅんかん)だけコイルの中の磁界(じかい)が変化して，コイルに電流が流れる。このような現象を**電磁誘導**(でんじゆうどう)といい，流れる電流を**誘導電流**(ゆうどうでんりゅう)という。

②モーターを手動で回転させると，そのコイル（電機子(でんきし)）を囲うように置かれた磁石（界(かい)磁石）によってコイルの中の磁界が変化するため，電磁誘導が起こり，コイルに電流が流れる。

③【発電機】は電磁誘導を利用して電流を発生させる装置で，コイルの近くで磁石を回転させるか，磁極の間でコイルを回転させることによって，電流を生み出している。

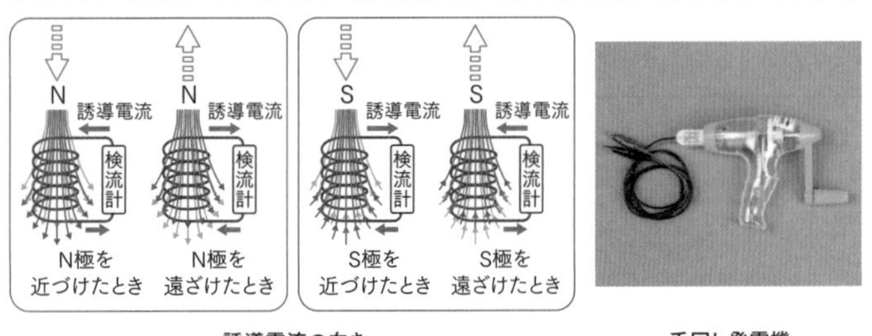

誘導電流の向き　　手回し発電機

〈コンデンサー〉

①電源（電池や発電機）からの【充電(じゅうでん)】（電気をためること）や【放電(ほうでん)】（電気を放出すること）がくり返しできる装置を【コンデンサー】という（右図）。

②コンデンサーの充電が終わったことは，電源とコンデンサーの間につないだ豆電球の明かりが【消える】ことによって確認できる。

③充電したコンデンサーを，抵抗(ていこう)の大きいものにつなぐと【早く】電気がなくなり，抵抗の小さなものにつなぐと【ゆっくり】電気がなくなる。

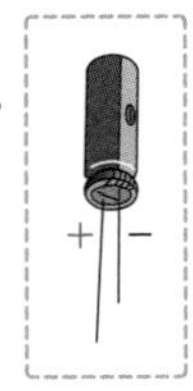

発電所でつくられる電流は交流といって向きや大きさが変化するよ。

問題演習

ゼッタイに押さえるべきポイント

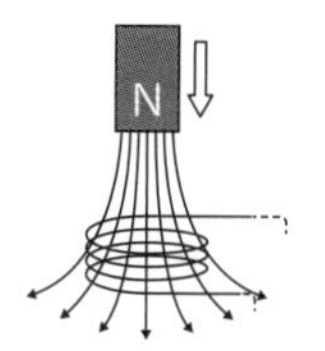

□右図のようにコイルに対して磁石を近づけたり，遠ざけたりすると，コイルの中をつらぬく磁力線の本数が【変化する】ことで電流が流れる。（浅野中など）

□火力発電所では，石油，石炭，天然ガスなどの燃料を燃やし，その熱で水を水蒸気（すいじょうき）に変える。次にその水蒸気でタービンとよばれる羽根車を回す。このタービンが発電機とつながっていて，タービンが回転することで電気を起こす。タービンは手回し発電機の【ハンドル】と同じ役目をしている。

（神奈川大学附属中など）

□コンデンサーにたまった電気を使用した後，そのコンデンサーに再び電気をためることは【できる】。（神奈川大学附属中など）

□同じコンデンサーと手回し発電機を2組用意し，それぞれコンデンサーに手回し発電機をつなぐ。手回し発電機のハンドルを一定の速さで20回まわしたところで，2組とも手回し発電機をコンデンサーからはずした。その後，発光ダイオードと豆電球をそれぞれのコンデンサーにつなぐと，【発光ダイオード】の方が長く光る。

（香蘭女学校中等科・大阪教育大学附属池田中など）

入試で差がつくポイント 解説➡p152

□電気のたまっていないコンデンサーに手回し発電機をつなぎ，同じ速さでハンドルを回すとき，回しているときの手ごたえは，はじめは【重く】，しだいに【軽く】なる。（高槻中など）

□コンデンサーに手回し発電機をつなぎ，しばらく同じ速さでハンドルを回した後，ハンドルから手をはなした。このあとのハンドルの動きを簡単（かんたん）に説明しなさい。（桜蔭中など）

［例：回していた向きにしばらく回り続け，やがて止まる。］

テーマ24 電気
光電池と発光ダイオード

要点をチェック

〈光電池〉

- 光電池は，次のような特徴をもつ。
  ①光電池は，【光エネルギー】を電気エネルギーに変換して電気をつくる。
  ②光電池に当たる【光の量】が多いほど，大きい電流が流れる。
  ③光電池に光が当たる角度が【直角】のとき，最も大きい電流が流れる。

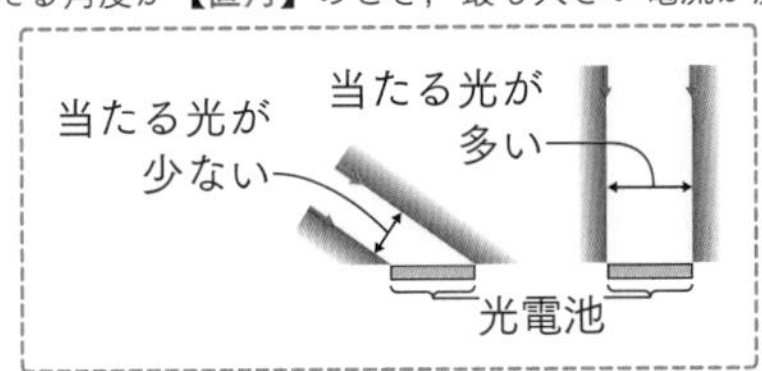

〈発光ダイオード〉

- 発光ダイオード（LED）は，次のような特徴をもつ。
  ①LEDには＋端子と－端子があり，【＋端子】側からのみ電流が流れる。
  →つなぎ方を逆にするとLEDは光らない。
  ②フィラメントの発熱で光を出す豆電球に対して，電気を【直接】光に変えるLEDは小さな電流・電圧でも光を出し，消費電力が【少なく】，熱くなりにくく，寿命が【長い】。
  ③赤色，緑色，【青】色の順に発明され，それらを合わせることですべての色の光がLEDで表現できるようになった。

問題演習

ゼッタイに押さえるべきポイント

□図1のように，電灯の光を光電池に垂直に当てたところ，光電池につないだモーターが回り始め，光電池が発電したことがわかった。光電池に当てる光の強さをより強くすると，モーターのまわり方は【速】くなる。

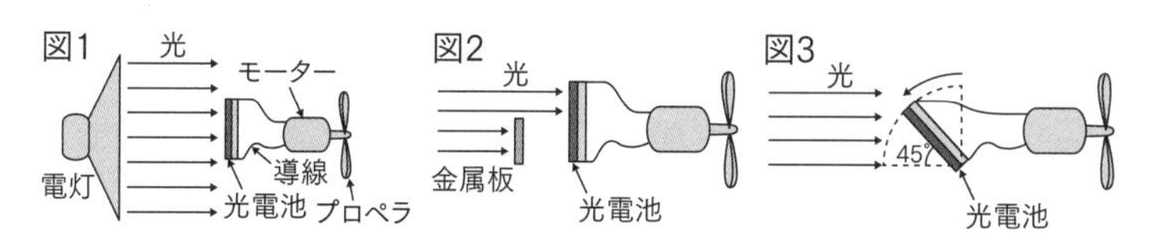

□図2のように，金属板で光を半分にさえぎると，発電量はさえぎらなかった場合の【0.5】倍になる。

□図3のように，光電池をかたむけると，発電量はかたむけなかった場合より【小さくなる】。（立教女学院中など）

□太陽光発電は，発電するときに出る二酸化炭素の量が【少ない】が，【天候】や【時刻】によらず安定して発電することが難しい。できたらスゴイ!

（立教女学院中・普連土学園中など）

□LEDはそれまでの白熱灯や蛍光灯と比べて消費電力が【少なく】，熱くなり【にくい】という性質がある。（白百合学園中など）

□LEDでは，光の3原色のうちの2色は早くに開発されたが，最後に開発された【青】色LEDは，最初に開発された【赤】色LEDから30年も遅れて実用化された。この色のLEDが開発されたことで，白色のLED電球を作ることができるようになった。（白百合学園中など）

入試で差がつくポイント 解説➡p152

□図4はLEDを正しく配線した回路である。図5の回路で，光るLEDをすべて数字で答えなさい。（海陽中・暁星中など）

【①，③】

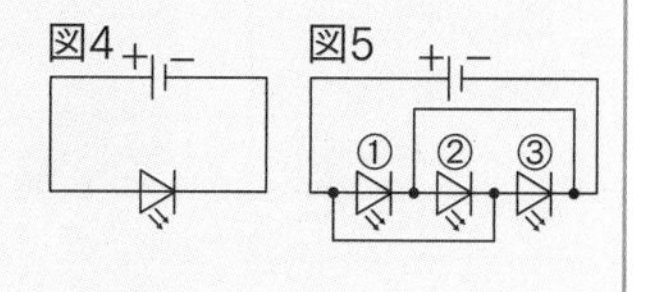

テーマ25 電気　電流と発熱①

要点をチェック

〈金属線の抵抗〉

①長さ，太さが同じ金属線の抵抗は金属の種類によって異なる。抵抗が大きいほど，電流は流れ【にくい】。

抵抗小 ←――――――→ 抵抗大

主な金属の抵抗：銀<銅<アルミニウム<鉄<ニクロム

②同じ材質では，金属線の抵抗は長さに【比例】し，太さ（断面積）に【反比例】する。よって，オームの法則より，電流の大きさは金属線の長さに反比例し，太さに比例する。

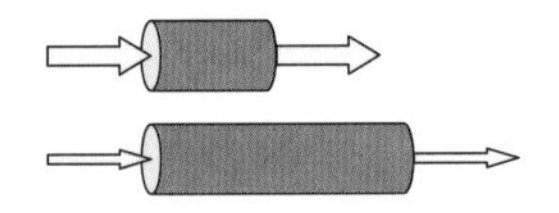

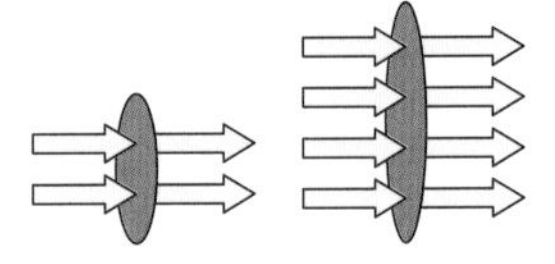

〈電熱線〉

・電流を流すと高い熱を発生する金属線を【電熱線】という。
①電熱線には，抵抗の大きい【ニクロム】がよく使われる。
②電熱線は，電気ヒーター，電熱器，トースター，アイロン，ドライヤーなどに利用されている。
③銅などの抵抗の小さい金属は，電熱線ではなく，【導線】に使われる。

・電熱線の発熱量は，電流の大きさと電圧が一定のとき，電流を流した時間に【比例】する。また，抵抗が一定のとき，電流の大きさ×電圧や，電流を流した時間に【比例】する。これをジュールの法則という。

電流の大きさは導線の直径じゃなくて，断面積に比例するんだね。

電気による発熱量は，ジュールという単位で表すことが多いよ。

問題演習

ゼッタイに押さえるべきポイント

□銅線の方がニクロム線よりも電流が流れ【やすい】。（攻玉社中など）

□電池の数が同じであれば，ニクロム線に流れる電流の強さは，ニクロム線の長さに【反比例】し，ニクロム線の断面積に【比例】する。
（攻玉社中・國學院大學久我山中など）

□同じ長さで太さの異なるニクロム線A，Bに，電源装置で6Vの電圧を流した。電流の大きさは，Aが0.5A，Bが1.0Aだった。A，Bのうち，太いのは【B】である。（桜蔭中など）

□ニクロム線を水100gの入ったビーカーの中に入れ，電池を1個つないだところ，水の温度は1分間に1℃上がり，電池を直列に2個つないだところ，水の温度は1分間に4℃上がった。電池2個を直列につなぎ，水を50gにして同じ実験を行うと，水の温度は1分間に【8】℃上がる。
（攻玉社中など）

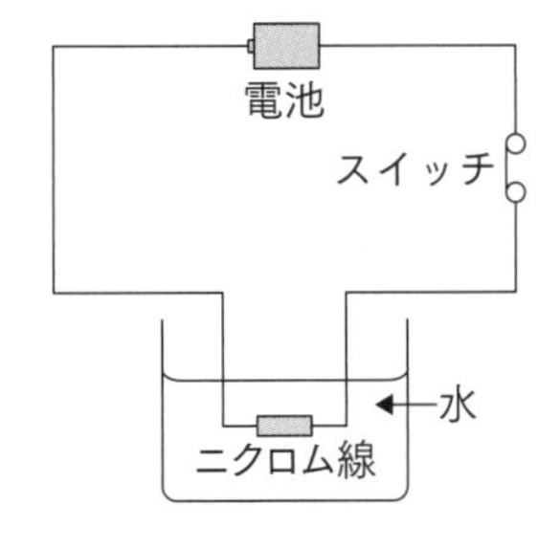

□電熱線で液体を加熱するとき，温度上昇（じょうしょう）は加熱時間に【比例】し，液体の質量に【反比例】する。（早稲田実業学校中等部など）

入試で差がつくポイント 解説→p152

□電熱線を用いて，加熱時間と液体の温度上昇の関係を調べる実験で，20℃の液体A 150gを180秒間加熱すると25℃になり，20℃の液体A 250gを180秒間加熱すると23℃になった。このとき，液体A 100gの温度を1℃上げるには，【24】秒間加熱する必要がある。
（早稲田実業学校中等部など）

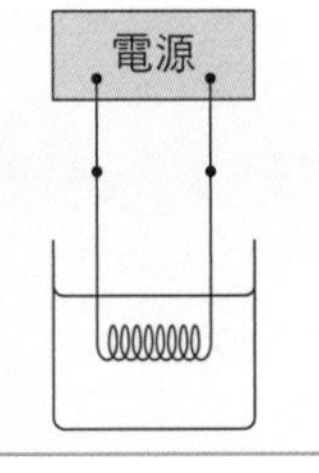

電熱線って，身近なところで使われているんだね。

テーマ26 電気　電流と発熱②

要点をチェック

- 電熱線を直列につないで電流を流したとき，発熱量は抵抗の【大きい】電熱線の方が大きくなる。
  理由：直列回路では，【電流】の大きさはどこでも等しく，【電圧】は抵抗に比例するから。

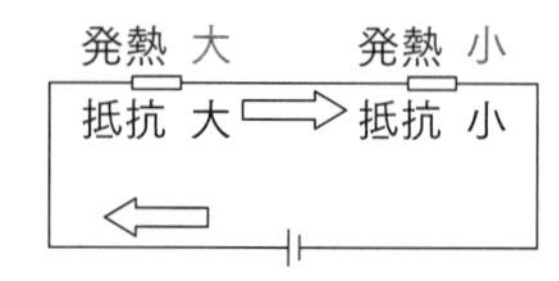

- 電熱線を並列につないで電流を流したとき，発熱量は抵抗の【小さい】電熱線の方が大きくなる。
  理由：並列回路では，抵抗の【小さい】方に【多】くの電流が流れるから。

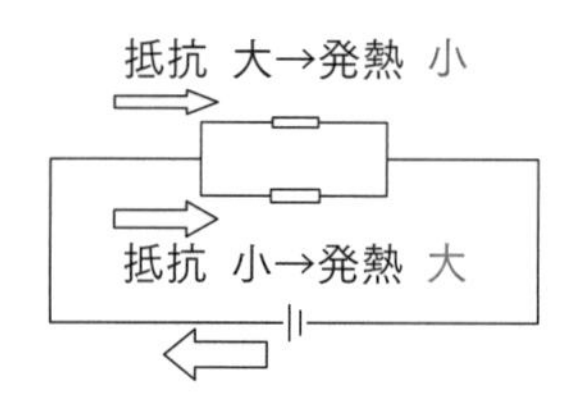

- 電熱線で水をあたためるとき，水の上昇温度は電熱線の発熱量と電流を流した時間のそれぞれに【比例】し，水の重さに【反比例】する。
- 白熱電球や豆電球も，種類によって抵抗がちがうので，つなぎ方によって明るさが変わる。例えば，60Wの電球と40Wの電球を直列につないだ場合は，【40】Wの電球の方が明るくなり，並列につないだ場合は，【60】Wの電球の方が明るくなる。

問題演習

ゼッタイに押さえるべきポイント

□図1で水の温度が5℃上昇するのに8分かかるとき，図2では水の温度が5℃上昇するまでに【16】分かかる。ただし，図1と図2の水の量は同じで，電熱線はすべて同じものである。

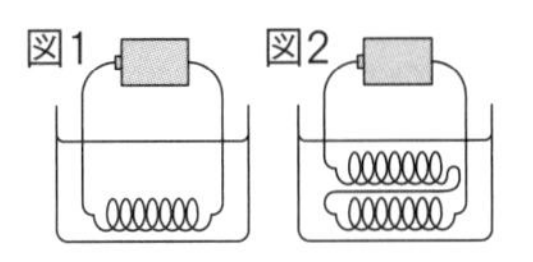

（暁星中など）

□同じ長さのニクロム線A，Bがあり，Aの断面積は0.04mm^2，Bの断面積は0.16mm^{2}である。このとき，抵抗は【A】の方が【大きい】。ニクロム線A，Bをそれぞれ水100gに入れて，一定の大きさの電圧を加える。このとき，A，Bを直列につないで電流を流すと【A】の方が水温は上がり，並列につないで電流を流すと【B】の方が水温は上がる。（攻玉社中など）

入試で差がつくポイント 解説➡p152

□図3のように，電熱線A，B，Cにそれぞれ電流を流し，容器に入った20℃で100gの水をあたためたところ，電流を流した時間と水の温度の関係は図4のようになった。ただし，電熱線から発生した熱はすべて水の温度上昇に使われたものとする。図3と同じ電源と電熱線A，B，Cを図5のように並列につなぎ，20℃で100gの水が入った容器に入れ，電流を6分間流したとき，電熱線A，B，Cには【6】:【3】:【2】の比で電流が流れるから，電熱線Aによって【30】℃，電熱線Bによって【15】℃，電熱線Cによって【10】℃水温が上昇して，全体では【55】℃水温が上昇する。

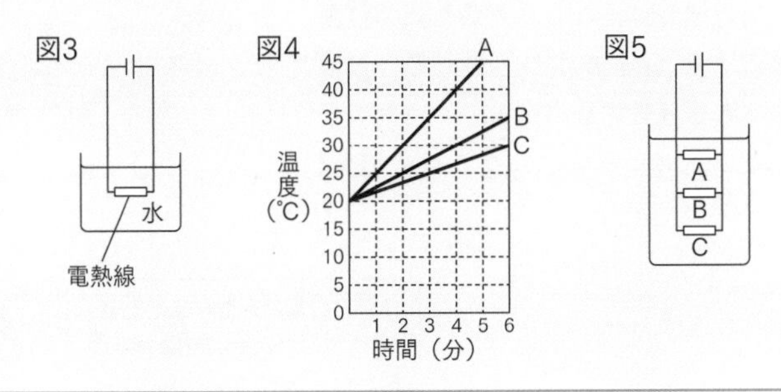

テーマ27 運動　ふりこ①

要点をチェック

〈ふりこ〉

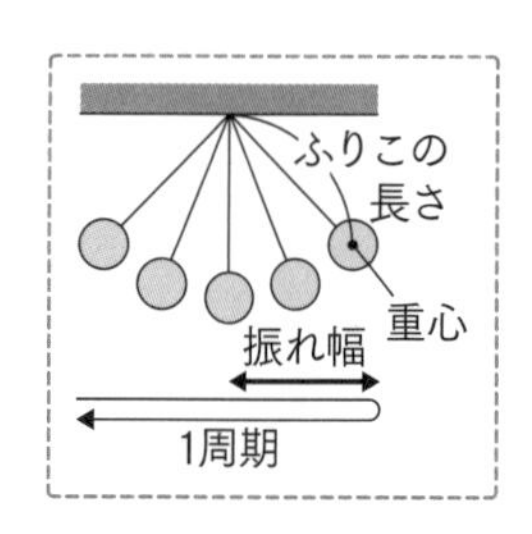

- 糸などにおもりをつけて，左右に往復しておもりをふらせる装置を【ふりこ】という。
  ①ふりこの支点(してん)からふりこの【重心(じゅうしん)】までの長さをふりこの長さという。
  ②ふりこが1往復するのにかかる時間を【周期(しゅうき)】という。

〈ふりこの周期〉

- ふりこの周期はふりこの【長さ】によって決まり，おもりの重さやふりこの振(ふ)れ幅(はば)には関係しない。この法則はふりこの【等時性(とうじせい)】といわれ，【ガリレオ・ガリレイ】によって発見された。
  ふりこの等時性を利用した道具として，【ふりこ時計】や【メトロノーム】などがある。
- ふりこの長さが2×2＝4倍, 3×3＝9倍, …になると, ふりこの周期は【2】倍,【3】倍…になる。

〈ふりこの速さ〉

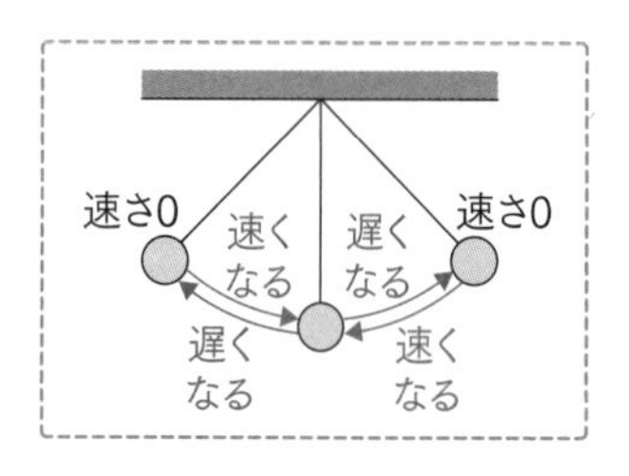

- ふりこの速さは，おもりの位置と振れ幅の大きさによって変わる。
  ①ふりこの速さは，おもりが最も高い位置にあるとき【0】になり，最も低い位置にあるとき【最大】になる。
  ②振れ幅が大きいほど，ふりこは【速く】動く。

ふりこの周期をはかるときは，10往復したときの時間を平均したりすると，正しい値に近くなるよ。

問題演習

ゼッタイに押さえるべきポイント

□ふりこのおもりは，最【下】点で最も速くなり，最【高】点付近では遅い。最【高】点に達した瞬間（しゅんかん）おもりは【止まる】が，その瞬間はわかりにくいため，ふりこの周期を調べるときは最【下】点ではかる方がよい。（麻布中など）

□ふりこの周期は，おもりの重さやふりこの振れ幅によらない。これをふりこの【等時性】という。これを発見したのは【ガリレオ・ガリレイ】である。（栄東中・岡山白陵中など）

□ふりこの長さをかえて，5往復する時間をはかったところ，下表のようになった。このふりこで，5往復する時間が4倍になるとき，ふりこの長さは【16】倍になる。（神奈川大学附属中など）

ふりこの長さ[cm]	4.0	9.0	16	36	81
5往復した時間[秒]	2.0	3.0	4.0	6.0	9.0

□メトロノームで，おもりが1往復する時間を短くしてテンポを速めるためには，おもりを【下】方向に移動する。（慶應義塾湘南藤沢中等部・海陽中など）

入試で差がつくポイント 解説➡p152

□ふりこが10往復する時間を調べて，ふりこの周期を求める実験を行う。次のア～ウのうち，ふりこの周期をより正確に求める方法として，最も不適切なものは【イ】である。（桐光学園中）

ア　1人の人が3回はかった時間の平均値を実験の結果とする。

イ　班員4人が1人1回はかった時間の平均値を実験の結果とする。

ウ　ビデオカメラでゆれている様子を撮影し，コマ送りしながら時間を調べる。

□同じ長さの糸と，形や大きさが同じ10gのおもり3個を使ってふりこをつくる。次のア～オを，1往復の時間が長い順に並べると，【ウイオエア】の順となる。（桐光学園中・暁星中など）

糸をつける場所

10gのおもり

ア
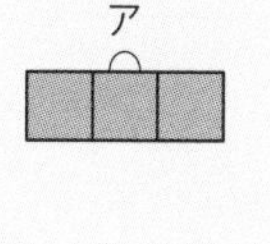

イ
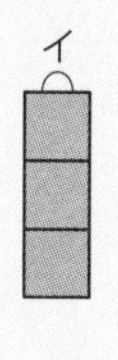

ウ
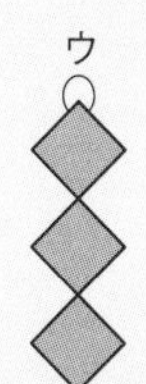

エ
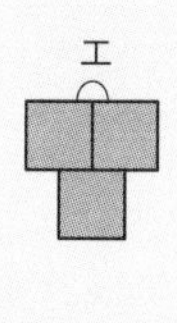

オ
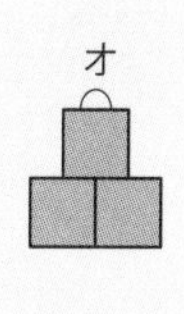

テーマ28 運動　ふりこ②

要点をチェック

〈長さが途中で変わるふりこ〉

①ふりこの長さが途中で変わっても，最高点の高さは【変わらない】。

②1往復する時間は，それぞれのふりこの周期の【平均】になっている。式で表すと，
【(長いふりこの周期＋短いふりこの周期)÷2】

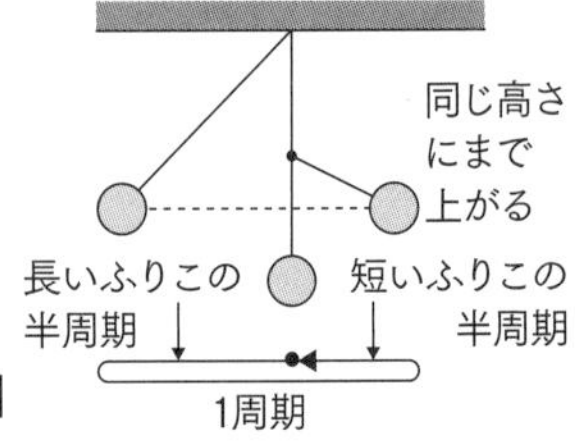

〈ふりこの糸を切ったときのおもりの運動〉

①最高点で切ったとき，おもりは【真下】に落ちる。

②最高点以外で切ったとき，おもりは糸に【垂直】な方向に飛び出し，曲線をえがいて落ちる。

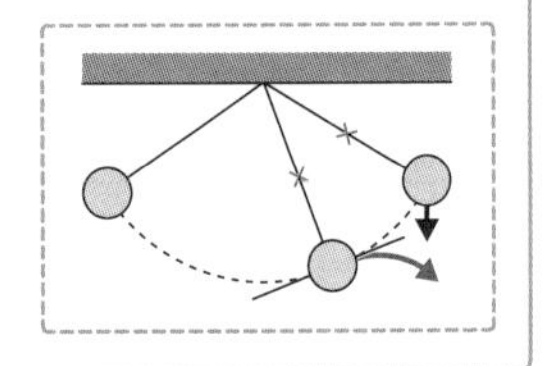

〈ふりこの衝突〉

• ふりこのおもりを物体に衝突させるとき，

①おもりが【重】いほど，物体が【軽】いほど，物体は遠くに動く。

②おもりや物体の重さが同じときは，おもりをはなした高さが【高】いほど，物体は遠くに動く。

③ふりこの【長さ】は関係ない。

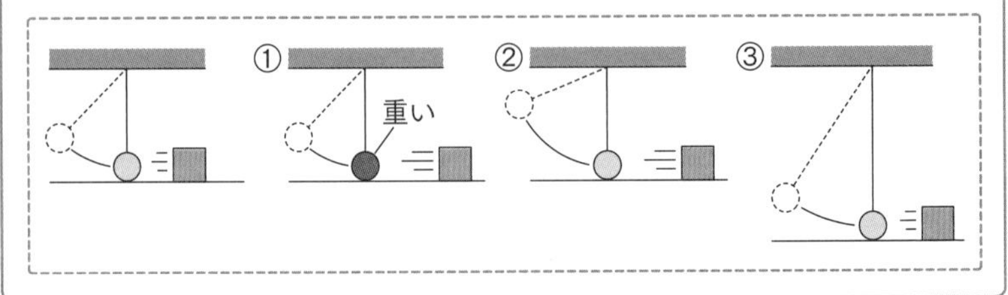

問題演習

ゼッタイに押さえるべきポイント

□図1のように，ふりこの支点の左下にくぎを打つ。くぎと糸の間に摩擦(まさつ)が生じないとき，A点で手をはなしたふりこのおもりが右側で一瞬(いっしゅん)停止する位置は，【ウ】。

（市川中など）

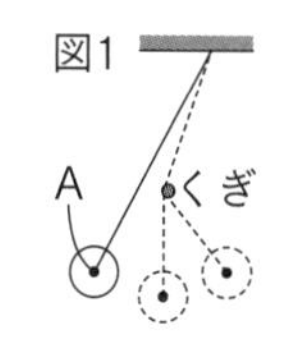

ア　A点より高い　イ　A点より低い　ウ　A点と同じになる

□長さ100cmと25cmのふりこの周期を，他の条件を同じにして測定すると，2.0秒と1.0秒であった。図2のように，長さ100cmのふりこをまっすぐつり下げ，つり下げた点から75cm下のところにくぎを打った。おもりをP点からはなすと，図のような運動をした。おもりがP点を出てからP点にもどるまでの時間は【1.5】秒である。

（桐朋中・神戸女学院中学部など）

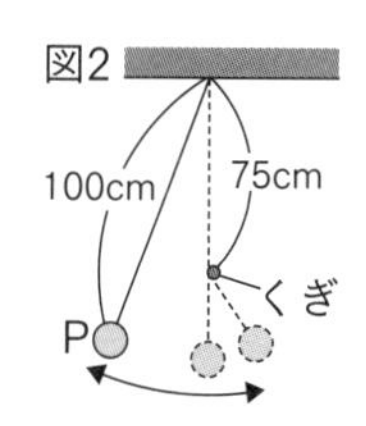

□図3のように，ふりこがふれている。ふりこが①，②，③の位置で切れるようにカミソリを設置してふりこをふらせたとき，糸が切れた後のおもりの運動のようすは，それぞれ①【ウ】，②【エ】，③【ア】のようになる。

（世田谷学園中・山脇学園中など）

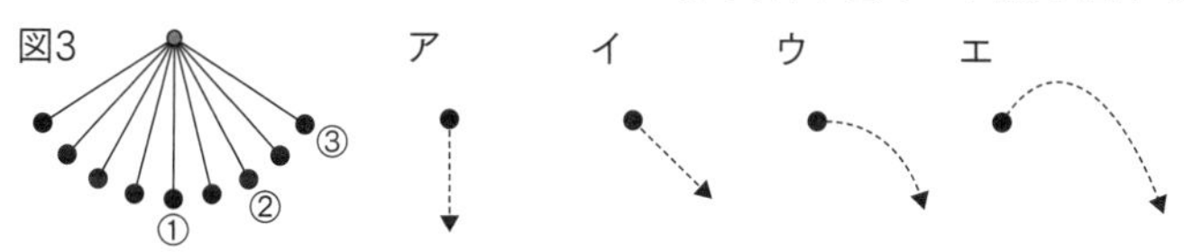

入試で差がつくポイント　解説➡p152

□下図のア～ウのように，ふりこの重さやふれる角度を変えて，おもりを床の上に置いた木片に衝突させたとき，アとイでは【イ】の方が木片は遠くに動き，アとウでは【ア】の方が木片は遠くに動いた。

（江戸川学園取手中など・ノートルダム清心中）

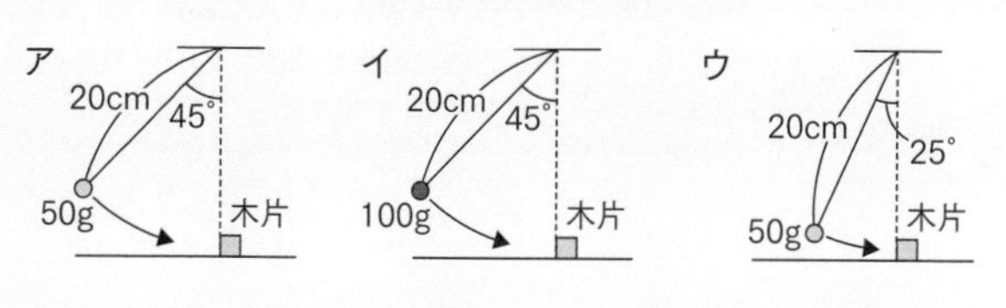

テーマ29 運動
斜面を転がる運動①

要点をチェック

〈小球がなめらかな斜面を転がる運動〉

①小球の速さは，小球の重さに関係【しない】。

②小球をはなす高さが4倍，9倍…になると，最下点での小球の速さは【2】倍，【3】倍…になる。

③最下点での小球の速さは，斜面の角度に関係【しない】。
特に，斜面が90°のとき（空中に持ち上げた小球をはなしたとき）も同様である。

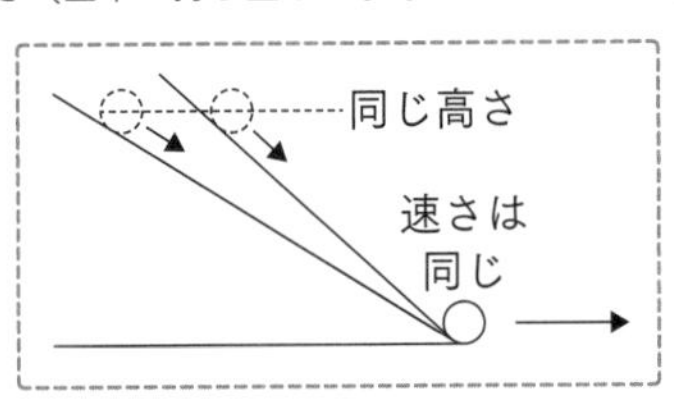

〈小球を転がして斜面の下の木片に衝突させる実験〉

①木片の動く距離は，小球の重さに【比例】する。

②木片の動く距離は，斜面の角度に関係【しない】。

③木片の動く距離は，小球をはなす高さに【比例】する。

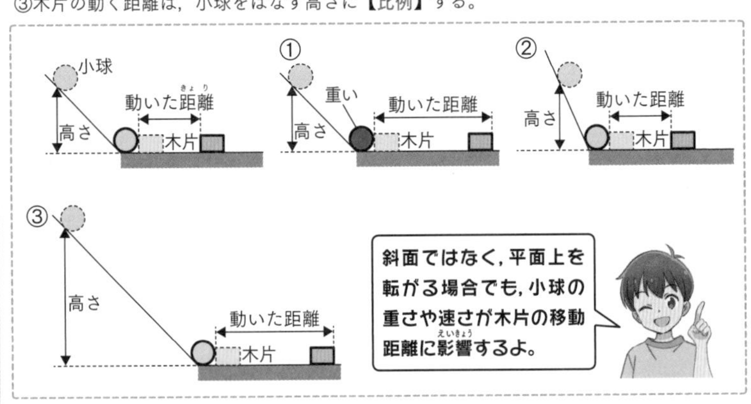

問題演習

ゼッタイに押さえるべきポイント

□下図のア～ウのように，一本のチューブをいろいろな形に変えて，ふちXから静かにボールを転がした。ただし，YからXまでの高さはどれも同じである。Yから出てきたボールの速さはすべて【同じ】であり，一番早くボールがYにつくのは【ア】のチューブを通ったときである。

（世田谷学園中・湘南白百合学園中など）

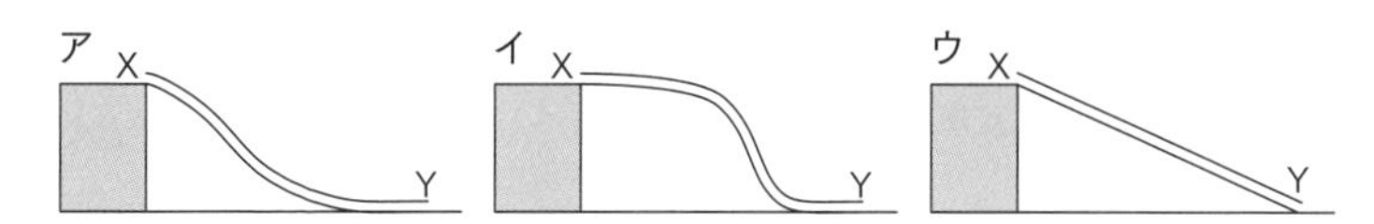

□下図のように，斜面の上から台車を静かにはなしたとき，その下に固定された本の間にはさまれた定規が台車におし込まれる長さは，下のグラフのようになる。400gの台車を高さ10cmからはなすとき，定規がおし込まれる長さは【4】cmになる。また，斜面のかたむきを2倍にして，200gの台車を高さ10cmからはなすとき，定規がおし込まれる長さは【2】cmになる。

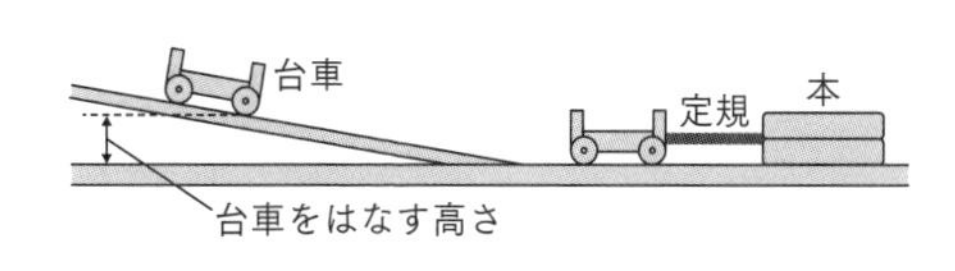

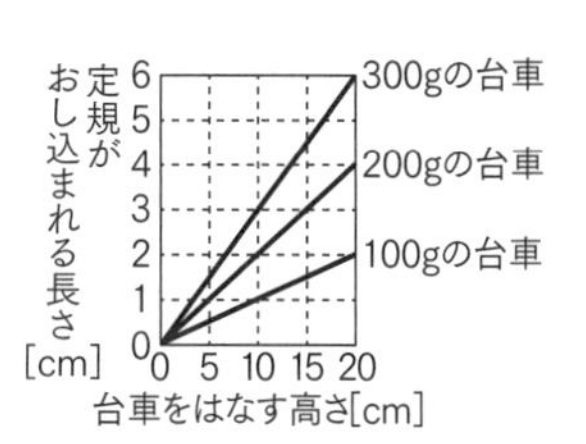

入試で差がつくポイント 解説➡p152

□同じ大きさの木球と鉄球をそれぞれ斜面上で転がし，斜面に置かれた粘土（ねんど）の壁（かべ）に衝突させる。壁のへこみを同じにするには，木球を鉄球の16倍の高さから転がし始める必要がある。壁のへこみが同じとき，壁にぶつかる直前の木球と鉄球の速さの比は【4】:【1】である。

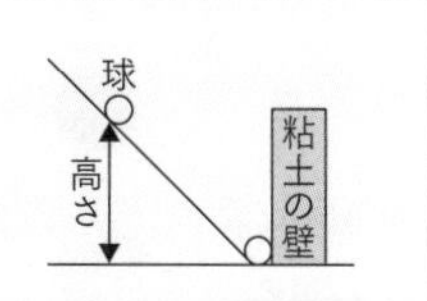

テーマ30 運動
斜面を転がる運動②

要点をチェック

〈小球が斜面を転がって飛び出す運動〉

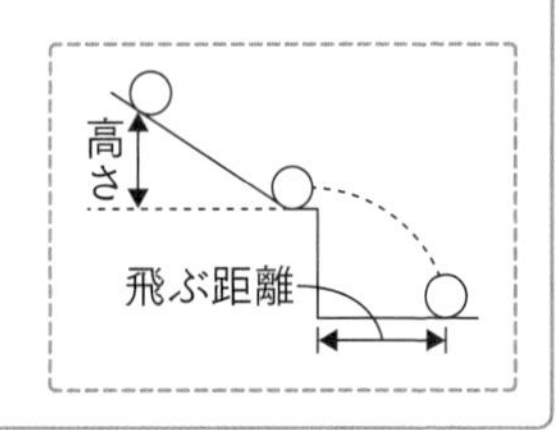

①小球が飛ぶ距離は小球の重さに関係【しない】。
②小球をはなす高さが4倍，9倍，…になると，小球が飛ぶ距離は【2】倍，【3】倍，…になる。
③小球が飛ぶ距離は，斜面の角度に関係【しない】。

〈エネルギー〉

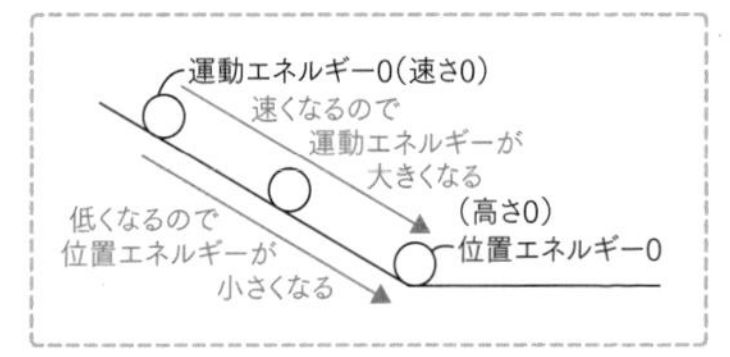

①物体は，位置が高ければ高いほど大きなエネルギーをもつ。このエネルギーを【位置】エネルギーという。
②運動している物体は，速ければ速いほど大きなエネルギーをもつ。このエネルギーを【運動】エネルギーという。
③小球が斜面を転がると，**位置エネルギーが運動エネルギーに変換**される。
これは，ふりこが上から下に移動するときも同様である。

〈衝突と物体の重さ〉

• 衝突によってエネルギーが外に逃げない場合，運動している物体Aが止まっている物体Bに衝突したときの，それぞれの運動のようすは次のようになる。

	物体Aの方が重い	同じ重さ	物体Bの方が重い
図	A→ B⟶	A B⟶	⟵A B→
物体Aの運動	衝突前と【同じ】向き	【止まる】	衝突前と【反対】向き
物体Bの運動	物体Aと同じ向き	衝突前の物体Aと同じ向き・速さ	衝突前の物体Aと同じ向き

問題演習

ゼッタイに押さえるべきポイント

□図1のようになめらかなレールの上の点Aに小さな球を置いたら，球はレールの上をすべり，点Bから水平方向に飛び出し，40cm下の地面の点Cに落下した。図中の「高さ」，「速さ」，「距離」の関係は，下表のようになった。このとき，「速さ」を2倍にするには「高さ」を【4】倍にし，「速さ」を3倍にするには「高さ」を【9】倍にすればよい。また,「速さ」を2倍にすると「距離」は【2】倍になり，「速さ」を3倍にすると「距離」は【3】倍になる。

（芝浦工業大学付属中など）

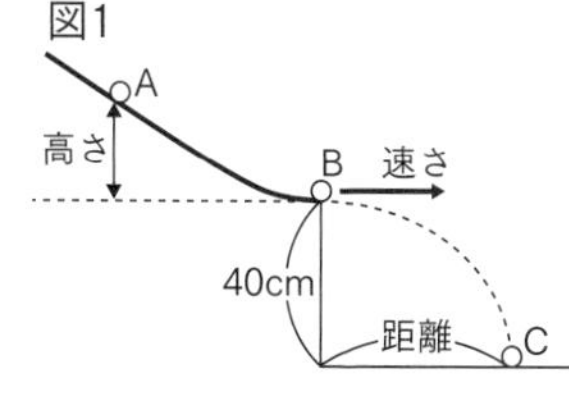

高さ[cm]	10	20	30	40	90
速さ[毎秒cm]	140	198	242	280	420
距離[cm]	40	57	69	80	120

□図2のように小球②を転がして小球①に衝突させる。小球①の飛ぶ距離を大きくするには，小球②を置く高さを【高く】し，小球①の重さを【軽く】し，小球②の重さを【重く】すればよい。　（浦和明の星女子中など）

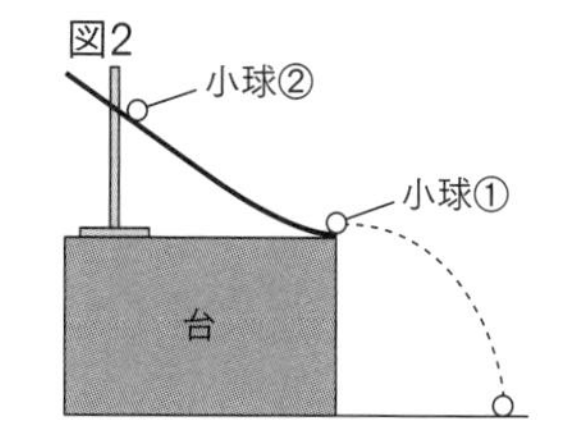

入試で差がつくポイント

解説→p152

□図3のように球を転がして，プラスチック球にぶつけると，プラスチック球は右の斜面を上がっていった。プラスチック球が上がる高さは，転がす球が【重い】ほど高く，球を転がし始める高さが【高い】ほど高く，斜面の角度に【無関係】である。

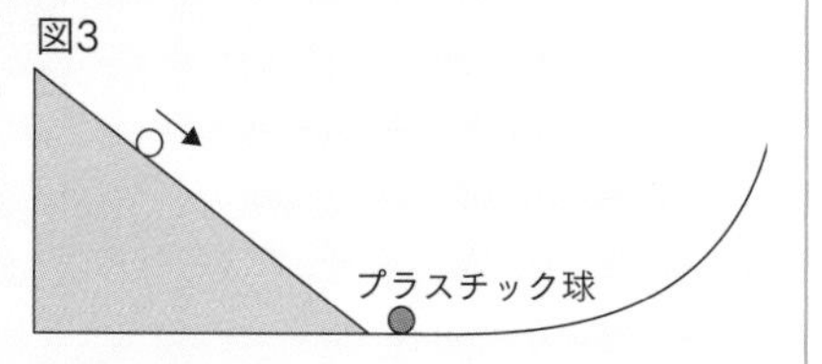

2つの物体の衝突では，衝突の前後で，物体の（重さ×速さ）の合計が一定になっているよ。

投げられたボールの運動

要点をチェック

〈自由落下と投げ上げ，投げ下げ〉

①物体を高い所から静かにはなして落とすことを【自由落下】という。
自由落下では，物体の速さは【重力】の影響でしだいに【大きく】なる。
②物体を真上に投げ上げると，物体の速さはしだいに小さくなり，【最高点】で0になる。
その直後に落下を始めて，速さはしだいに大きくなる。
③物体を真下に投げ下げると，物体の速さはしだいに【大きく】なる。

〈水平投射と斜方投射〉

- 水平方向に物を投げることを水平投射という。このとき，
  ①水平方向の速さは【一定】である。
  ②垂直方向の速さはしだいに【大きく】なる（地面にぶつかるまで）。
- 斜め上方向に物を投げることを斜方投射という。このとき，
  ①水平方向の速さは【一定】である。
  ②垂直方向の速さは，しだいに小さくなり，【最高点】で0になった後，しだいに大きくなる。

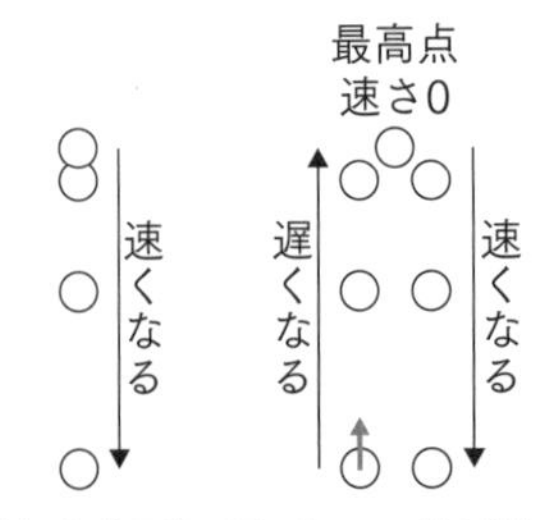

〈自由落下〉〈真上への投げ上げ〉

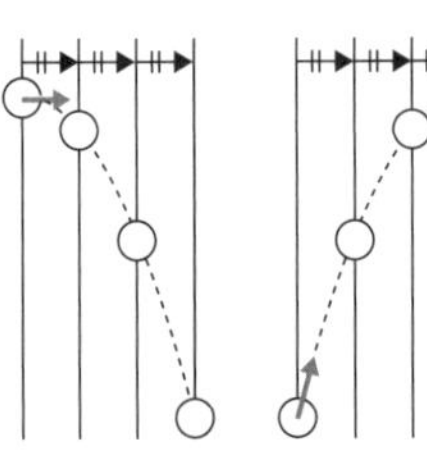

〈水平投射〉　〈斜方投射〉

現実には空気の抵抗があるから，自由落下の速さには限界があるよ。

空気の抵抗がなければ，45°の角度で投げると遠くまで飛ぶんだよね。

問題演習

ゼッタイに押さえるべきポイント

□ボールを地面から真上に投げるときの投げ始めの速さと，最高点の高さの関係を調べると，下表のようになった。投げ始めの速さが毎秒10mのとき，最高点の高さは【5.0】mである。
（東邦大学附属東邦中など）

投げ始めの速さ[m毎秒]	2	4	6	8
最高点の高さ[m]	0.2	0.8	1.8	3.2

□下図のように，台上から水平に小球を打ち出し，台から10cm下がった位置にある床に落下させた。下表からわかるように，打ち出す速さと水平距離（きょり）の間には【比例】の関係が成り立つ。これは，打ち出す速さが変化しても小球が打ち出されてから床に達するまでの時間が【変わらない】ことを示している。
（サレジオ学院中など）

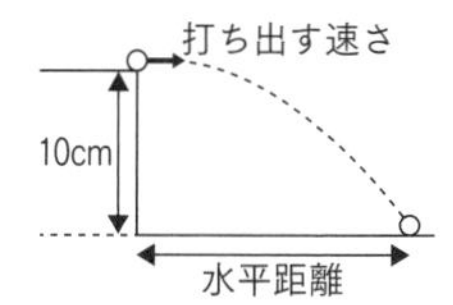

打ち出す速さ[m毎秒]	1.0	2.0	3.0
水平距離[cm]	14.3	28.6	42.9

□地面より高いところから秒速3mで水平方向にボールを投げだした。手からボールが離（はな）れたときから地面に達するまでの時間を測った結果は，下表のようになった。地面からの高さが5mの場合, 地面に達するまでの時間は【1.0】秒である。（開智中など）

地面からの高さ[m]	0.2	0.8	1.8	3.2
地面に達するまでの時間[秒]	0.2	0.4	0.6	0.8

入試で差がつくポイント 解説➡p152

□ある高さから，いろいろな速さで水平方向にボールを打ち出したところ，ボールが水平方向に飛んだ距離は下表のようになった。108km毎時の速さでボールを投げると，水平方向に飛ぶ距離は【7.68】mになる。
（栄東中など）

打ち出す速さ[km毎時]	9	18	36	54	81
水平距離[m]	0.64	1.28	2.56	3.84	5.76

テーマ32 運動　速度と加速度

要点をチェック

〈運動の速さと向き〉

- 物体の運動のようすは，【速さ】と【向き】に注目して表す。

例：速さも向きも一定の運動→なめらかな平面を転がる小球
　　速さは一定で向きが変わる運動→観覧車
　　速さが変わって向きは一定の運動→自転車でブレーキをかける
　　速さも向きも変わる運動→ふりこ

〈速さも向きも一定の運動〉

①物体が一定の速さで直線上を同じ向きに進む運動を等速直線運動という（図1）。

図1

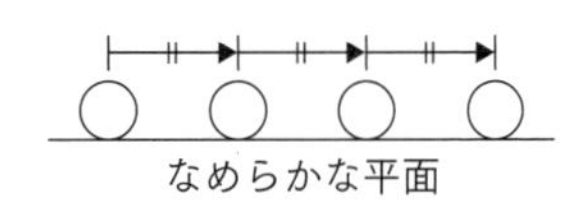

なめらかな平面

②力を受けていないか，受けている力がつり合っているとき，静止している物体はいつまでも静止し続け，運動している物体は等速直線運動をし続ける。これを【慣性】の法則という。

〈速さが変わる，一直線上の運動〉

①一定の大きさの力を受け続けると，物体の速さは一定の割合で変わる（図2）。

図2　力を加え続けると加速する

力が物体の運動の向きと同じ向きであればだんだん速くなり，力が物体の運動と反対向きであればだんだん遅くなる（等加速度運動という）。
例えば，物体が重力のみを受けて落下する運動は等加速度運動である。

②速さが変わっている乗り物の中では，物体が力を受けているように見える。

例：前に進んでいたバスが急ブレーキをかけると，つり革が【前】にかたむく。
　　100 g のおもりをつるしたばねばかりをエレベーターにつるす。エレベーターが上昇し，速さが図3のように変化したとき，ばねばかりの値は図4のように変化する。

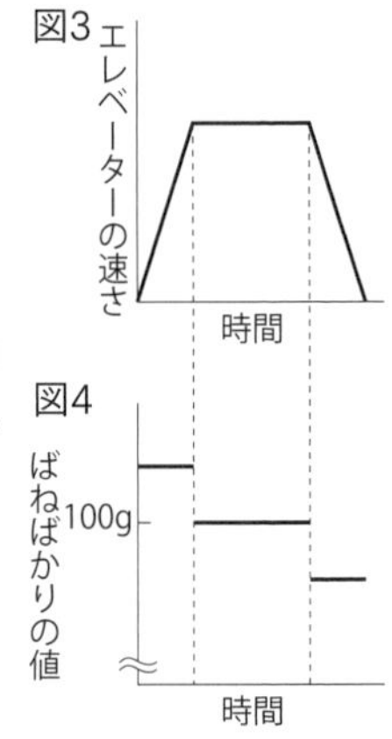

問題演習

ゼッタイに押さえるべきポイント

□船は毎秒3mで下流に流されながら，100m先の対岸まで毎秒4mで近づく。このとき，船が対岸のどの場所に着岸するかは別として，着岸するまでの時間は100÷4＝25秒である。川の流れの速度の大きさが2倍になったとき，船が100m先の対岸に着岸するまでの時間は【25】秒である。できたらスゴイ!
（渋谷教育学園幕張中など）

□右図のように，レールの上から鉄球を転がすと，坂を下り終わった地点から先の平らでなめらかな部分では，鉄球が転がる速さは【一定】である。

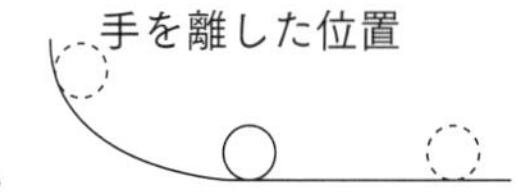

□物体には，止まっているときにはそのまま止まり続けようとし，動いているときには同じ向きに，同じ速さで動き続けようとする性質がある。これを慣性という。この性質のため，電車が動き出すとき，つり革は進行方向と【逆】の方向にかたむく。（公文国際学園中等部・麻布中など）

入試で差がつくポイント 解説➡p152

□なめらかに動く台車を水平な地面に置き，一定の力を地面に対して平行な方向に加え続けた。動き出してからの台車の移動距離と時間の関係は，右図のようになった。このとき，0～1秒の間では平均の速さは毎秒5cm，0～2秒の間では平均の速さは毎秒【10】cm，0～3秒の間では平均の速さは毎秒【15】cmとなり，台車の速さは時間に【比例】している。

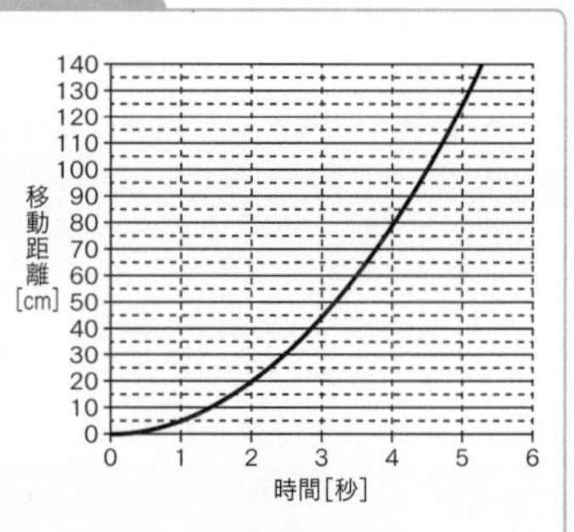

（豊島岡女子学園中など）

テーマ33 光と音　光の反射

要点をチェック

〈光の反射〉

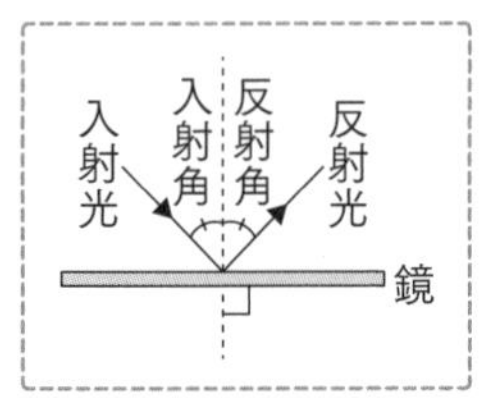

- 光が鏡や水面などの物体に当たってはね返ることを光の【反射】という。このとき，物体に入っていく光を【入射光】，物体からはね返った光を【反射光】という。直接光を出していない物体を見ることができるのは，その物体の表面で反射した光が目に入るためである。
- 光の反射において，【入射角】（入射光が反射面に垂直な直線となす角）と【反射角】（反射光が反射面に垂直な直線となす角）は等しい。これを光の【反射の法則】という。

〈鏡の問題〉

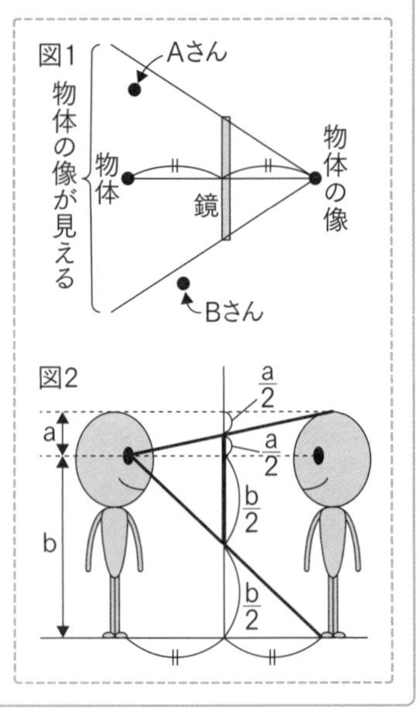

①鏡に映った像は左右が【逆】になっているように見えるが，鏡に2回反射されてできた像はもとの物体と左右が【同じ】になっているように見える。

②鏡に映った物体の像は，鏡に対して実際の物体と【対称】の位置に見える。

③鏡に映った物体の像が見える範囲は，【物体の像】と【鏡の両端】を結んだ2直線にはさまれた部分である。

例：図1で，Aさんは鏡に映った物体の像を見ることができるが，Bさんは像が見えない。

④鏡に全身を映して見るためには，【身長の半分】の長さの鏡があれば十分である（図2）。

問題演習

ゼッタイに押さえるべきポイント

□図1のように，左から右向きに光が進んで，鏡と24°の角度で当たり，反射した。はじめの進行方向とのずれ（角度a）は【48°】である。

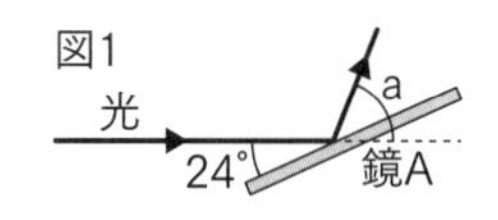

□図2のように，2枚の鏡を直角に合わせて床（ゆか）に立て，その正面に2時を示している目覚まし時計を置いた。正面から見たとき，鏡の中に見えた目覚まし時計は【2】時を示しているように見える。

（白陵中・鎌倉女学院中など）

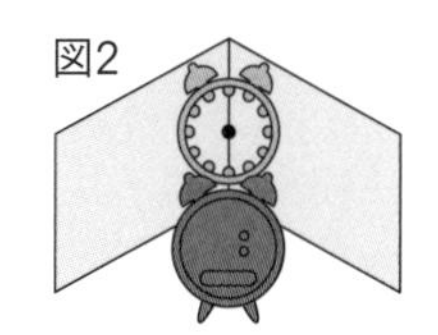

□物体を図3のAの位置に置いたときに，鏡に映った物体が見える観測点は，ア～オのうち，【ウ，エ，オ】である。

（頌栄女子学院中など）

□物体を図3のBの位置に置いたときに，鏡に映った物体が見える観測点は，ア～オのうち，【ア，イ，ウ】である。

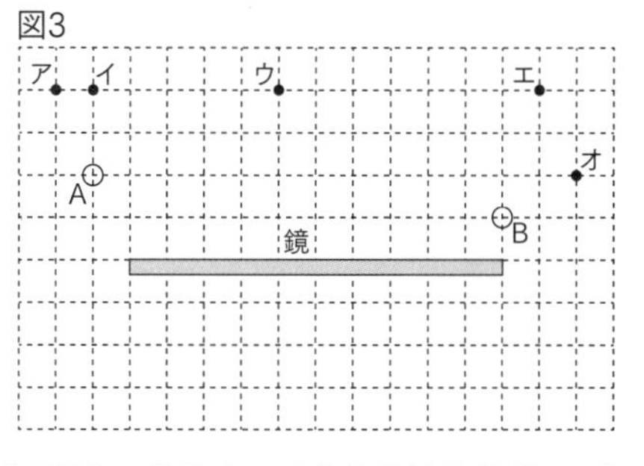

（頌栄女子学院中・香蘭女学校中等科など）

入試で差がつくポイント

解説➡p153

□図４のように兄弟が横に並んで立ち，壁（かべ）に設置された鏡を見ている。兄の身長は160cmで床から目までの高さは150cm，弟の身長は120cmで床から目までの高さは110cmである。兄弟が同時に自分の全身を見るには，縦の長さが【100】cm以上の鏡を，鏡の下端（かたん）が床から【55】cmになるように設置する。

（青山学院中等部など）

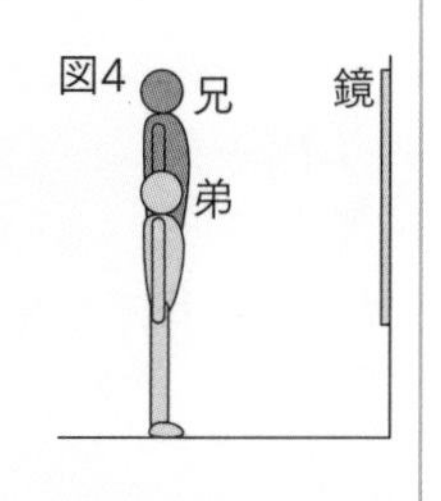

テーマ34 光と音　光の屈折

要点をチェック

〈光の屈折〉

- 光は同じ物質中では直進するが，異なる物質に斜めに入射するとき，その境界面で一部は反射して，残りは折れ曲がって進む。この現象を光の【屈折】といい，折れ曲がった光を【屈折光】という。
- 屈折の仕方
  ①光が空気から水（またはガラス）に入射するとき，光は境界面から【遠ざかる】ように屈折する。
  ②光が水（またはガラス）から空気に入射するとき，光は境界面に【近づく】ように屈折する。（②は①で光の進む向きを逆にしたものと覚えてもよい。）

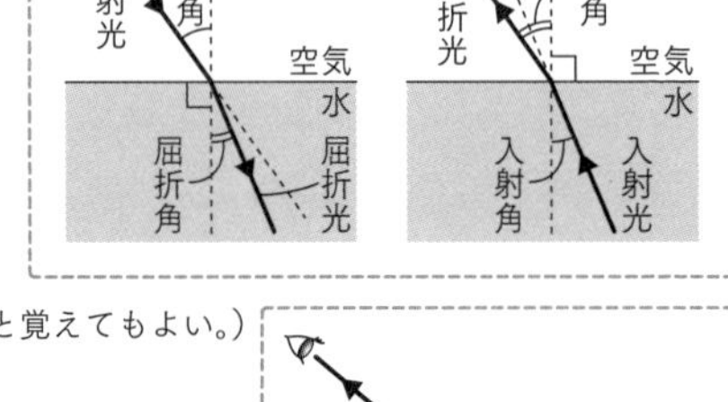

- 屈折の例
  空気中から水中にある物体を見るとき，物体の見かけ上の位置は，物体で反射した（物体から出た）光の屈折光をのばした先にある。つまり，実際の位置よりも【上】に見える。

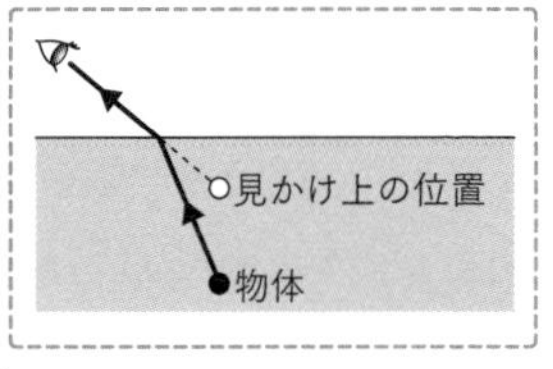

〈光の屈折に関係する現象〉

- 光が水（またはガラス）から空気に入射するとき，入射角がある一定の角度よりも大きくなると，光が境界面ですべて反射して，空気中に出ていかなくなる。このような現象を光の【全反射】という。

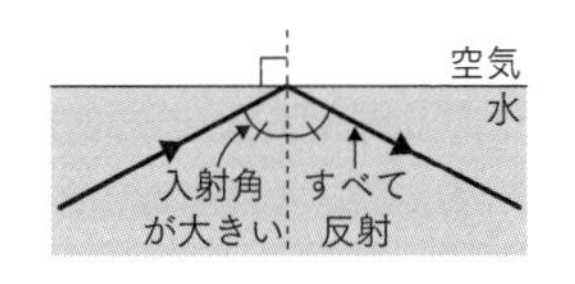

- 【プリズム】に日光を当てると，光が虹色に分かれて出てくる。このような現象を光の【分散】という。これは，日光にふくまれているさまざまな色の光が，空気からプリズム，プリズムから空気に入射するときに，それぞれの色ごとに少しずつ異なる方向に屈折するために起こる。

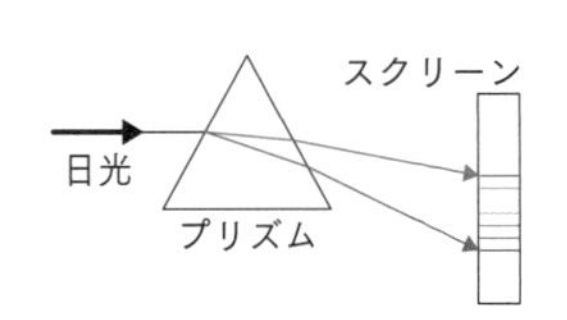

- 赤色の光は屈折し【にくく】，青色や紫色の光は屈折し【やすい】。
- 虹は【雨粒】がプリズムのはたらきをして光の【分散】が起こることによってできる。

問題演習

ゼッタイに押さえるべきポイント

□図1のように，左から右向きに光が進んでガラスに当たった。ア～エのうち，光が屈折して進む向きは【ウ】である。

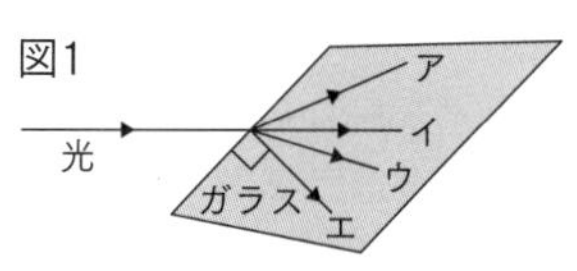

□水中に沈めたコインが浮きあがって見えるのは，コインで反射した光が水中から空気中に出るときに【屈折】するためである。（山脇学園中など）

□図2のように，半円形の透明な厚い板に入射角を大きくして光線を当てると，光線は厚い板の外に出られず鏡で反射したように進むのがはっきり見えた。この現象を【全反射】という。

（栄東中・山脇学園中など）

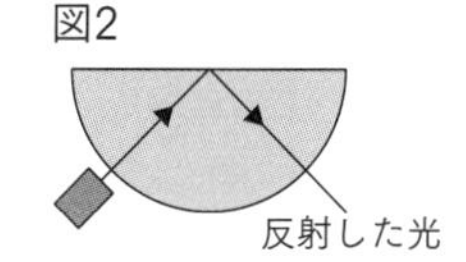

□虹は，太陽からの白い光が，空気中のたくさんの雨粒によって曲がることでできる。普通見える虹では，赤色と紫色の光は雨粒の中を図3のア，イのように通る。ア，イのうち，紫色の光は【ア】である。

（立命館中・白百合学園中など）

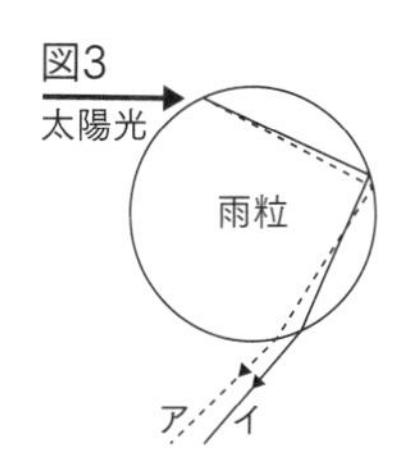

入試で差がつくポイント 解説➡p153

□虹が同時に2本見えることがある。よく見えるはっきりとした虹を主虹，2本目の虹を副虹という。空気中の水滴に入った太陽光が水滴内で図3のように1回反射することで主虹ができ，2回反射することで副虹ができる。主虹は，内側が【紫色】，外側が【赤色】である。副虹は，内側が【赤色】，外側が【紫色】であり，主虹の【外側】にできる。

（早稲田実業学校中等部など）

赤色の光が屈折しにくいことは，夕焼けや皆既月食にも関係があるよ。

テーマ35 光と音　凸レンズ

要点をチェック

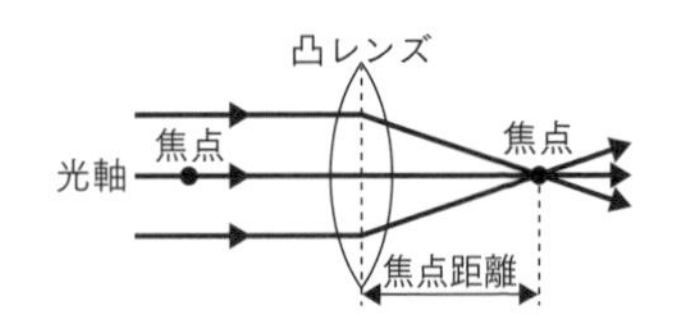

- 虫めがねのように，中央の部分がふちより厚くなっているレンズを【凸レンズ】という。凸レンズの中心を通り，凸レンズの表面に垂直に引いた線を【光軸】という。凸レンズの表面に光軸に平行な光が当たると，レンズを通った光は【屈折】して光軸上の1点で交わる。この点を【焦点】という（レンズの両側に1つずつある）。レンズの中心から焦点までの距離を【焦点距離】という。
- 凸レンズの中心を通る光は【直進】する。また，焦点を通ってから凸レンズに入射した光は，【屈折】した後，光軸に【平行】に進む。光軸に平行に進んで凸レンズに入射した光は，屈折したあと焦点を通る。

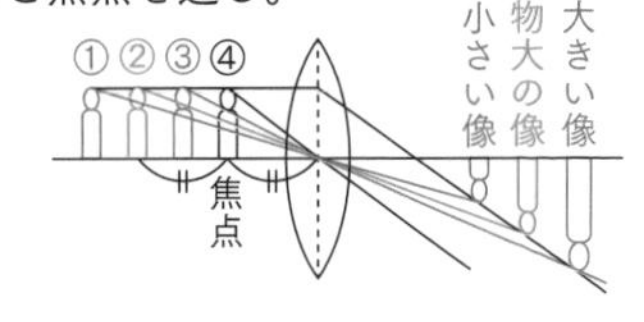

- 凸レンズによる像の種類と大きさは，物体を置く位置によって異なる。
  ①焦点距離の2倍より外側
  　→実物より【小さ】い【倒】立の実像
  ②焦点距離の2倍の位置
  　→実物大の【倒】立の実像
  ③焦点から焦点距離の2倍の間
  　→実物より【大き】い【倒】立の実像
  ④焦点の上→像は【できない】
  ⑤焦点の内側→実物より大きい【正】立の虚像

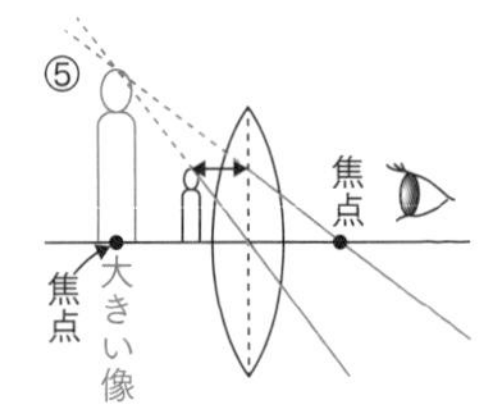

〈像の位置〉

- 光軸に平行に入射する光線①と凸レンズの中心を通る光線②を引いて求められる。（実際には，光は凸レンズに入るときと凸レンズから出るときの2回屈折するが，通常は，凸レンズの中心を通る線で1回屈折すると考える。）

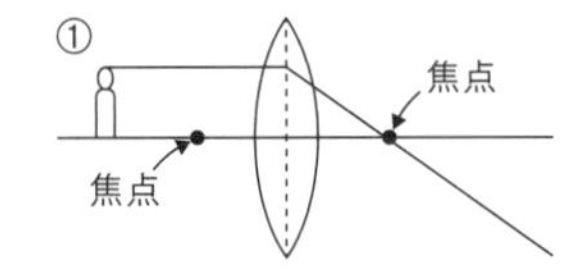

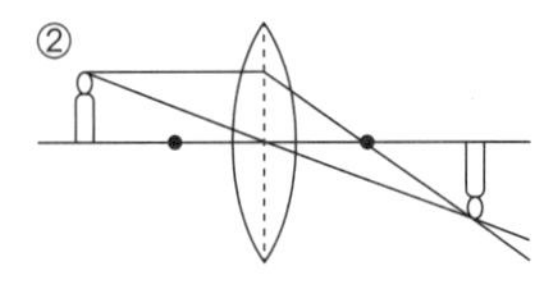

- 物体と凸レンズの中心との距離をa，凸レンズの中心と実像との距離をb，焦点距離をfとすると，【$\frac{1}{a}+\frac{1}{b}=\frac{1}{f}$】が成り立つ。

問題演習

ゼッタイに押さえるべきポイント

□図1のようなレンズ，スクリーンがある。ろうそくを焦点よりも遠いところに置くと，スクリーンに【倒】立の【実】像ができる。ろうそくを焦点距離の2倍より遠いところに置くと，スクリーンにできる像の大きさは元のろうそくよりも【小さ】くなる。焦点よりも近いところにろうそくを置くと，スクリーンに像はできず，このときスクリーン側からレンズをのぞくと，【正】立の【虚】像が見える。　（洗足学園中など）

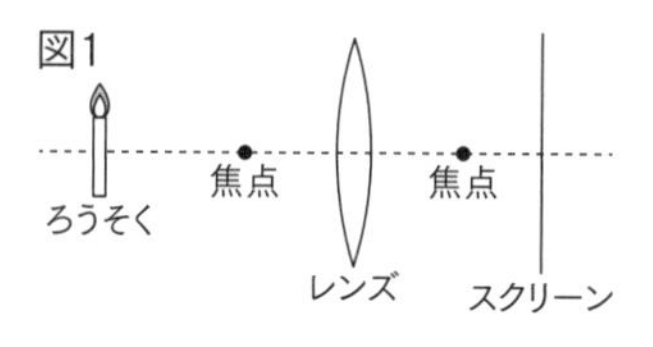

□図1の状態でレンズの上半分を黒い紙でおおったとき，スクリーンに映る像は，【ウ】である。　（芝中・洗足学園中など）

ア　同じ明るさの上半分の像　　イ　同じ明るさの下半分の像
ウ　少し暗い全体の像　　エ　少し明るい全体の像

□焦点距離が6cmの凸レンズの左側12cmの位置に物体を置いたとき，凸レンズの右側12cmの位置に置いたスクリーンには，もとの物体と上下左右が【逆】向きで，【同じ大きさ】の像が見える。　（吉祥女子中など）

入試で差がつくポイント 解説➡p153

□図2のように，焦点距離8cmの凸レンズの左側12cmのところに，高さ6cmのろうそくを立てた。像はレンズの【右】側【24】cmのところにできる。　（頌栄女子学院中など）

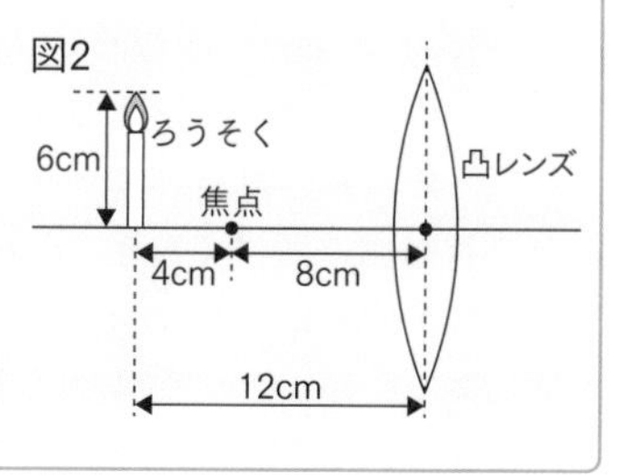

□図2において，できる像の高さは【12】cmである。　（頌栄女子学院中など）

テーマ36 光と音　光の直進

要点をチェック

〈光の直進〉

- 光は同じ物質中ではまっすぐに進む。この性質を光の【直進】という。
- 太陽や電球，ろうそくなど，光を出す物体を【光源】という。
  - ①太陽のように，非常に遠くの光源から出た光は平行に進む。このような光を【平行光線】という。
  - ②電球，ろうそくのように，近くの光源から出た光はまわりに広がりながら進む。このような光を【拡散光線】という。

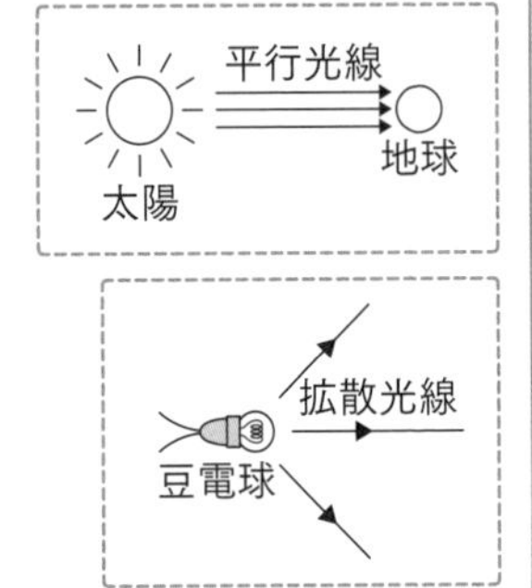

- 光の直進を利用すると，図1のような【ピンホールカメラ】をつくることができる。
  - ①内側の面を真っ黒にぬった箱の1つの面に直径0.5mmほどの小穴をあける（これを「外箱」とする）。
  - ②外箱にぴったり入る箱（これを「内箱」とする）を用意し，図1のようにスクリーンを貼り付けて，外箱に入れる。スクリーンの反対側は開けておき，外箱の小穴が見えるようにする。
  - ③物体で反射した光（物体から出た光）が直進して小穴から入り，物体と上下左右が【逆】になった像がスクリーンに映る（図2）。

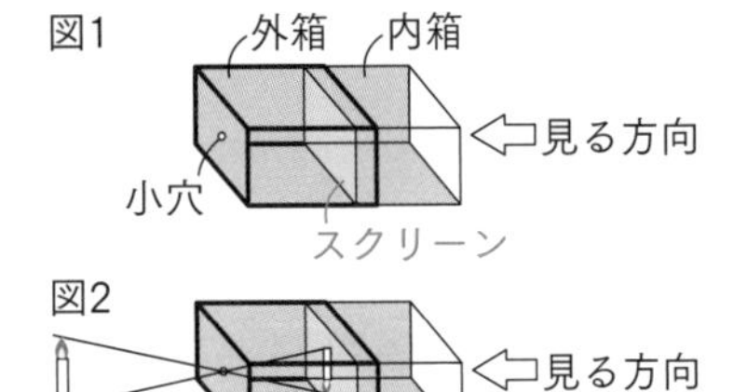

- 光は直進するため，光の進む道筋に障害物があると【影】ができる（図3）。

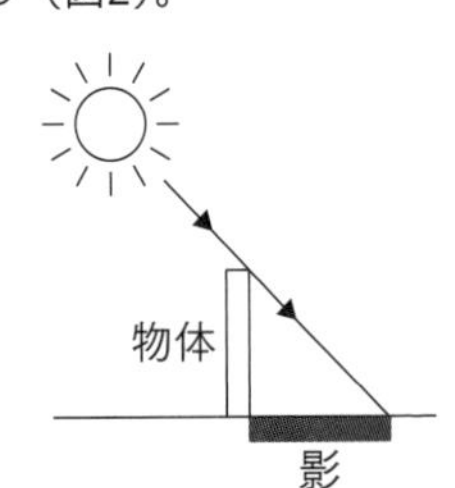

問題演習

ゼッタイに押さえるべきポイント

□光には【まっすぐ】進む性質がある。 （神奈川大学附属中など）

□図1のように箱に小さな穴を開け，反対側をスクリーンにすると，穴を通った光がスクリーンにあたって像ができる。これをピンホールカメラという。ピンホールカメラを使って景色を見ると，スクリーンには見た景色と【上下左右が逆】の像が映る。

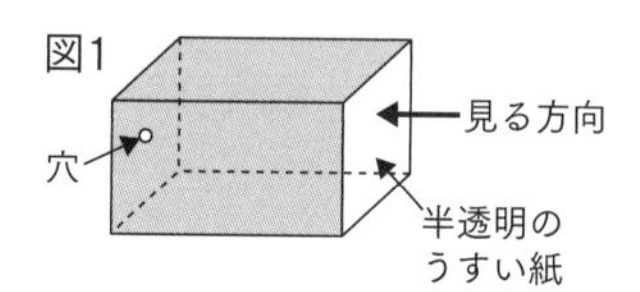

□ピンホールカメラでスクリーンの位置を穴の位置に近づけると，元の像と比べて像は【小さ】くなる。 （公文国際学園中等部など）

□ピンホールカメラの穴を大きくすると，像はどうなるか。【エ】 できたらスゴイ!

ア　暗くなり，はっきりする　　イ　暗くなり，ぼやける

ウ　明るくなり，はっきりする　　エ　明るくなり，ぼやける

（公文国際学園中等部など）

入試で差がつくポイント　解説➡p153

□太陽高度(たいようこうど)が30°のときのある建物の影の長さは，図2のように34.8mであった。太陽高度が60°のとき同じ建物の影の長さは【11.6】mである。

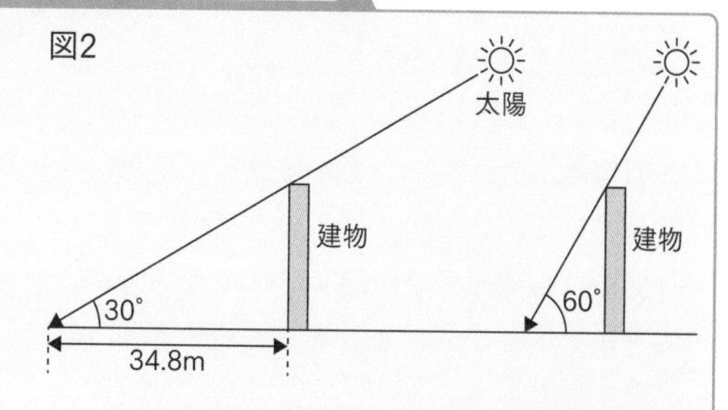

（中央大学附属中・頌栄女子学院中など）

テーマ37 光と音　明るさの変化

要点をチェック

〈光源からの距離と明るさ〉

- 光線が照らす面の明るさは，同じ面積あたりに面が受ける光の量で決まる。
  ①平行光線では，光源と面の距離に関係なく，面の明るさは【一定】である。
  理由：同じ面積あたりに受ける光の量が変わらないから。
  ②拡散光線では，光源と面の距離が2倍，3倍，…になると，面の明るさは【$\frac{1}{4}$】倍，【$\frac{1}{9}$】倍，…（面積比の逆比）になる。
  理由：光によって照らされる面の面積が4倍，9倍，…になり，同じ面積あたりに受ける光の量が$\frac{1}{4}$倍，$\frac{1}{9}$倍，…になるから。

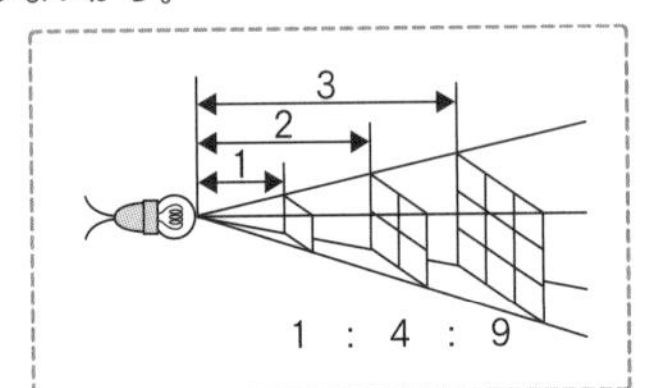

- 凸レンズを使うと，太陽光を集めることができる。
  ①凸レンズの後ろにスクリーンを置くとき，凸レンズとスクリーンの距離を変えると，スクリーンに映る光の面積が変わる。凸レンズが受ける光の量は一定なので，スクリーンに映る光の面積が小さいほど【明るく】なり，温度が【高く】なる。
  ②凸レンズの【焦点】では，温度が最も高くなり，紙を焦がすことができる。
  ③面積の大きい凸レンズを使うと，小さい凸レンズより早く紙を焦がすことができる。
  理由：面積の大きい凸レンズの方が多くの光を集めることができるから。
- 太陽光を反射させた光を重ね合わせると，光が照らす面はさらに明るくなり，温度が高くなる。

問題演習

ゼッタイに押さえるべきポイント

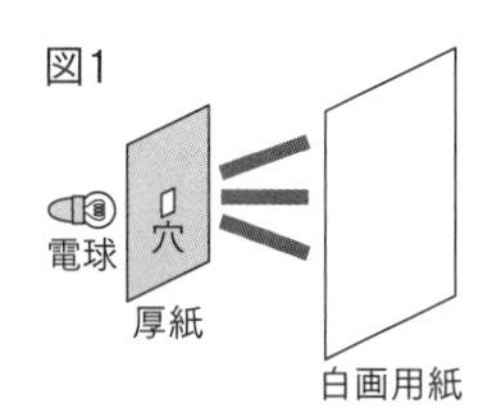

□図1のように，電球から出た光を厚紙に開けた穴を通して白画用紙に当てた。厚紙から白画用紙までの距離を2倍に遠ざけると，白画用紙に当たる光の明るさは【$\frac{1}{4}$】倍になる。
（洗足学園中など）

□図1において，厚紙から白画用紙までを4倍の距離に遠ざけて，電球の明るさを10倍にすると，白画用紙に当たる光の明るさは【$\frac{5}{8}$】倍になる。
（洗足学園中など）

□図1において，電球ではなく太陽光を用いた場合，厚紙と白画用紙の間の距離を少しずつ遠ざけたとき，白画用紙に当たる光の明るさは【変化しない】。
（洗足学園中など）

□虫めがねで太陽の光を集めると，光を集めたところは【明るく】，【温かく】なる。
（神奈川大学附属中など）

入試で差がつくポイント 解説➡p153

□図2のように鏡1で日光を反射させると，スクリーンの一部が明るくなった。さらに鏡2を用意し，鏡2で反射した日光を鏡1に当てたとき，スクリーンの明るい部分はどうなるか。次のア～ウから1つ選びなさい。【ウ】
（市川中など）

ア　明るくなる
イ　暗くなる
ウ　変わらない

図2 日光 鏡1 スクリーン 日光 鏡2

テーマ38 光と音 光の三原色と光の速さ

要点をチェック

〈光の三原色と色材の三原色〉

赤 マゼンタ 黄 白 青 シアン 緑

①【赤色】,【緑色】,【青色】の光を重ね合わせることによって，すべての色の光をつくり出すことができる。この3つの色を【光の三原色】という。

②赤色，緑色，青色の順に光の波長が【長い】。

③光の色は【発せられる光の色】を示すが，色材（絵の具など）の色は【反射される光の色】を示す。色材の三原色は,【シアン（水色)】(赤色の光を吸収),【マゼンタ（赤紫色)】(緑色の光を吸収),【黄色】(青色の光を吸収）の3色。

〈光の種類〉

• 光（電磁波）には可視光線（目に見える光）以外にも次のようなものがある。

波長が短い ←――――――――→ 波長が長い

ガンマ線　X線　【紫外線】　可視光線　【赤外線】　電波

（紫～赤）

〈光の速さ〉

①真空中を進む光（電磁波）の速さは，波長によらず，およそ秒速【30万】kmである。これは，1秒間に地球（赤道上）を【7周半】できる速さである。

②真空中で光の速さは【一定】である。また，光源や観測者が動いても光の速さは変わらない（アインシュタインの相対性理論)。

③物質中を進む光の速さは，真空中よりも少し【おそ】くなる。

④フィゾーは，歯車と鏡を使った実験を行い，地上で初めて光の速さを測定した。歯車の歯の間を通りぬけた光の反射光がその次の歯でさえぎられるまでの時間から，光の速さが求められる（次ページの「入試で差がつくポイント」を参照)。

絵の具は全部混ぜると黒になるけど，光は全部混ぜると白になるんだね。

問題演習

ゼッタイに押さえるべきポイント

□プリンターのカラーインクにはシアン（水色），マゼンタ（赤紫色），黄色の3種類がある。緑色を出すときは，【シアン】と【黄色】のインクを混ぜる。（浅野中など）

□緑色のインクは【赤】色と【青】色の光を吸収して，【緑】色の光を反射する。緑色の植物でも同じことがいえる。（浅野中など）

□光は波の性質をもち，その波の長さ（波長）の違いで名称（めいしょう）が異なる。可視光線（目に見える光）は，赤外線（家電のリモコンに使われる）より波長が【短く】，紫外線（日焼けの原因）より波長が【長い】。（青山学院中等部など）

入試で差がつくポイント 解説➡p153

□下図は，回転する歯車を用いて光の速さを測定する実験のようすをえがいたものである。歯車と反射鏡の距離（きょり）（*L*）は7500m，歯車の歯の数は1000である。光源からの光は半透明の鏡（ハーフミラー）で反射され，歯車の隙間（すきま）を通過して反射鏡で反射される。反射してもどってきた光はハーフミラーを通して観察者の目に届いていたが，歯車の回転数を毎秒10回転にしたとき，ある隙間を通った光の反射光がとなりの歯にさえぎられ，反射光が観察できなくなった。このとき，歯車が1回転するのにかかる時間は【10】分の1秒であり，歯車を通過した光が反射鏡で反射されて歯車にもどってくるまでにかかった時間は【20000】分の1秒である。よって，この実験から求められる光の速さは秒速【30】万kmになる。

（立教池袋中・洗足学園中など）

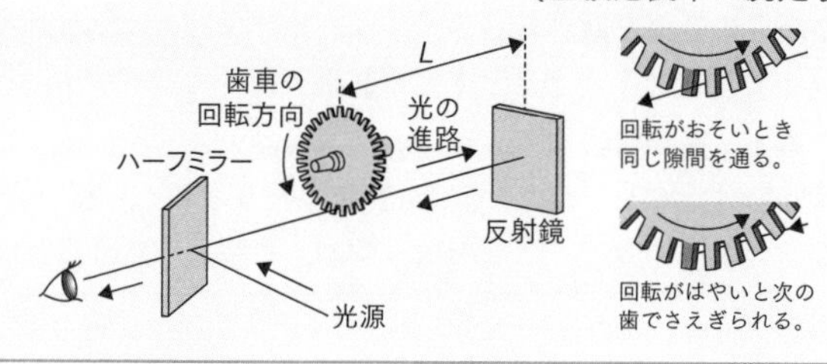

テーマ39 光と音　音の三要素

要点をチェック

〈音の三要素〉

- 音は，音源となる物体の【振動】が，そのまわりの物質（空気，水，木，鉄など）を次々と振動させることで伝わる。これを音波という。オシロスコープという装置を使うと，その波形を観察することができる。
  ①音波（音源）の振動の振れ幅を【振幅】という。
  ②音波（音源）が1秒間に振動する回数を【振動数】といい，Hzという単位で表す。
  ③同じ【振動数】の音を出すおんさを2つ並べて，一方のおんさを鳴らすと，もう一方のおんさも鳴り出す。このような現象を音の【共鳴】という。

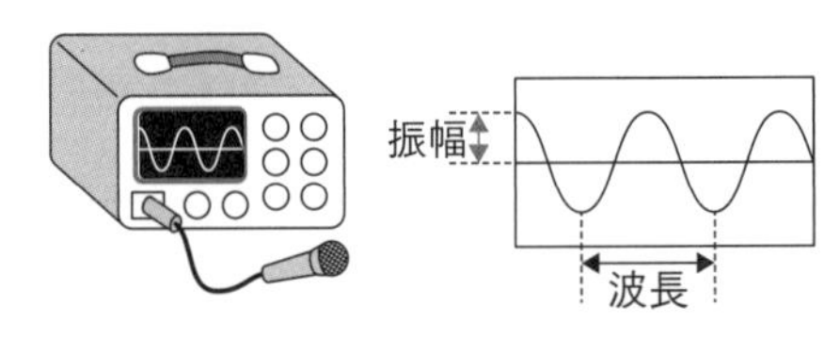

- 音の【大小】，音の【高低】，【音色】を音の三要素という。
  ①音が大きいほど，音波の【振幅】は大きい（音源は大きく振動する）。
  ②音が高いほど，音波の【振動数】は大きい（音源は速く振動する）。
  ③音源の形や材質などが変わると，音波の【波形】が変わり，音色が変わる。

〈モノコード〉

- モノコード：弦の長さ，太さ，張りの強さを変えて音の高さの変化を調べる。
  ①弦を【短く】，【細く】したり，【強く】張ったりすると，高い音になる。

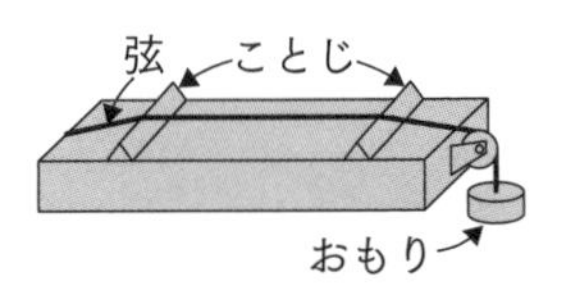

  ②弦を【長く】，【太く】したり，【弱く】張ったりすると，低い音になる。
  ③張りの強さ（おもりの重さ）を4倍，9倍にすると，音の高さは【2】倍，【3】倍になる。
  ④弦をはじく強さは，音の【大小】に関係する（高低には関係しない）。

問題演習

ゼッタイに押さえるべきポイント

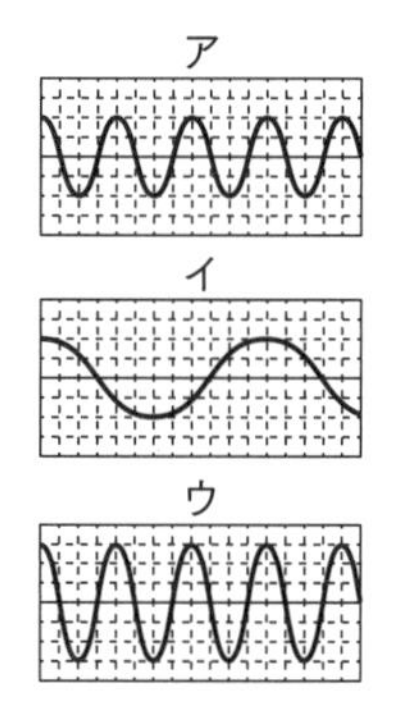

□音の高さは音源が1秒間に何回振動するかで決まり，それをHzという単位で表す。400Hzの音を出す音源は，10秒間に【4000】回振動する。（開智中など）

□ア～ウのおんさを鳴らしたとき，空気が振動するようすを表すグラフはそれぞれ，右図のようになった。イ，ウのおんさのうち，アのおんさと向かい合わせてアのおんさをたたくとき，鳴り出すのは【ウ】のおんさである。（早稲田実業学校中等部など）

□モノコードの2つのことじを近づけて，同じ強さで弦をはじくと，もとの状態より【高】い音が聞こえる。

□モノコードの弦を1回目にはじいたときと，2回目にはじいたときの弦の振動のようすをよく観察したところ，下図のようになった。このとき，1回目と2回目では，1回目の方が音が【大き】い。

（フェリス女学院中・学習院女子中等科など）

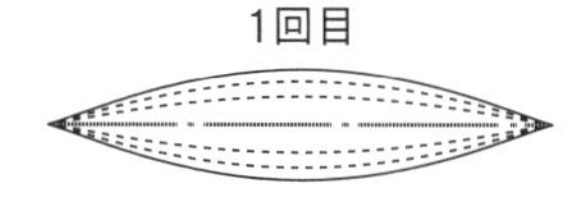

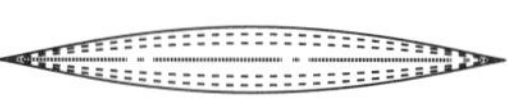

入試で差がつくポイント 解説➡p154

□モノコードの弦の長さを変えたとき，同じ高さの音が出るようにおもりの個数を調整すると，下表のようになった。弦の長さが80cmのとき，表の（ア）に当てはまるおもりの個数は【16】個である。

（フェリス女学院中など）

弦の長さ	20cm	40cm	60cm	80cm
おもりの個数	1個	4個	9個	（ア）

「ドレミファソラシド」の高いドの振動数は低いドの振動数の2倍になっているよ。

テーマ40 光と音　音の速さ

要点をチェック

〈音の速さ〉

- 空気中を伝わる音の速さは，気温が0℃のときは秒速331mで，気温が1℃上がるごとに秒速0.6mずつ速くなる。

　　空気中を伝わる音の秒速＝【331＋0.6×気温〔℃〕】〔m〕

　風があったり，音を出す物体や観測者が動いたりすると，音が観測者に届くまでにかかる時間が変わる。

- 空気のような気体だけでなく，水のような液体，木や鉄のような固体の中でも音は伝わるが，【真空】中では音は伝わらない。
  ①音は，空気（気体）より水（液体），水（液体）より鉄（固体）の方が【速く】伝わる。
  ②音は，同じ物質では，温度の高い方が【速く】伝わる。

〈音を出しながら動く車〉

- Aさんに向かって秒速10mで近づいている救急車が，Aさんまでの距離が2000mになった瞬間から10秒間，サイレンを鳴らし続けた（図1）。サイレンを鳴らし始めた瞬間に出た音はAさんに届くまでに2000m進み，サイレンを止める直前に出た音はAさんに届くまでに【1900】m進む。このとき，Aさんがサイレンの音を聞く時間は，10秒よりも【短】い。

図1

Aさん

2000m

〈ドップラー効果〉

- 救急車のサイレンのように，音を出す物体が近づいてくるとき音は【高く】聞こえ，遠ざかっていくとき音は【低く】聞こえる（図2）。このような現象を【ドップラー効果】という。

図2

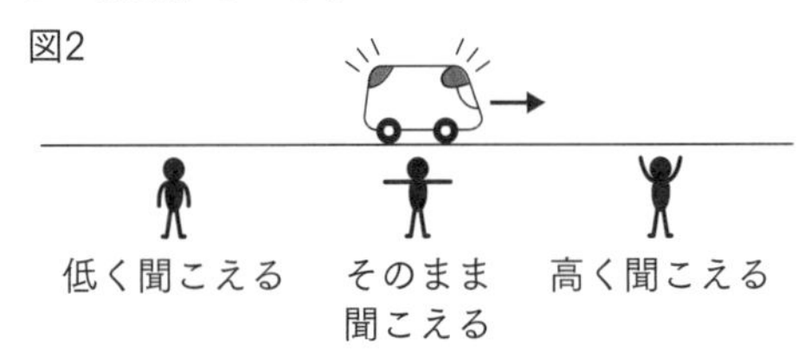

問題演習

ゼッタイに押さえるべきポイント

□空気中を伝わる音の速さは気温によって変化することが知られている。気温を□℃とするとき，およそ以下のような関係式が成り立っている。

音の速さ(秒速)＝331＋0.6×□

花火大会に行ったときに，打ち上げ花火が光ってから音が聞こえるまでの時間が5秒だとすると，気温が0℃のときと，30℃のときとでは，打ち上げ花火までの距離は【90】m違う。（東京都市大学等々力中など）

□空気中を伝わる音，水中を伝わる音，鉄の中を伝わる音は，【鉄】の中を伝わる音，【水】中を伝わる音，【空気】中を伝わる音の順に速い。

（聖光学院中など）

□魚群探知機を用いて船底から海底に向かって音を発してから，魚の群れで反射した音が返ってくるまでの時間は0.2秒であった。音が海中を伝わる速さが秒速1500mであるとき，魚の群れは船底から【150】mの深さにいる。

（三田国際学園中・大宮開成中など）

□秒速15mで走る自動車Aが鳴らしたサイレンの音は，自動車Aの後方を自動車Aと同じ方向に秒速10mで走る自動車Bの運転者には，両方の自動車が止まっている場合と比べて【低】い音に聞こえる。（浅野中など）

入試で差がつくポイント 解説➡p154

□秒速14mで岸壁(がんぺき)にまっすぐ向かっている高速船が，点Aを通過した瞬間に汽笛を鳴らした。汽笛を鳴らした人は，それから10秒後に岸壁から反射してきた汽笛の音を聞いた。このとき，音速を秒速336mとすると，高速船は岸壁から【1610】m離れている。

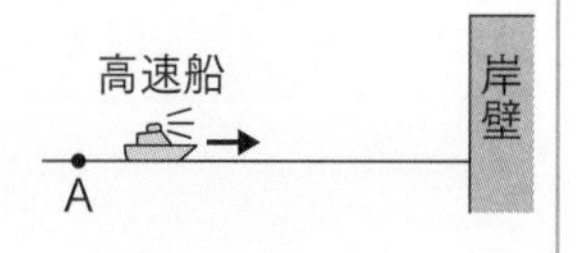

（江戸川学園取手中・サレジオ学院中など）

計算でよく使う音の速さ，秒速340mは，15℃のときなんだね。

テーマ41 水溶液　酸性水溶液

要点をチェック

〈酸性の水溶液に共通する性質〉

①【青】色リトマス紙を【赤】色に変える。
【赤】色リトマス紙は【赤】色のまま。
②ムラサキキャベツ液を【赤】色に変える。酸性が弱いと【赤紫】色。
③BTB溶液を【黄】色に変える。

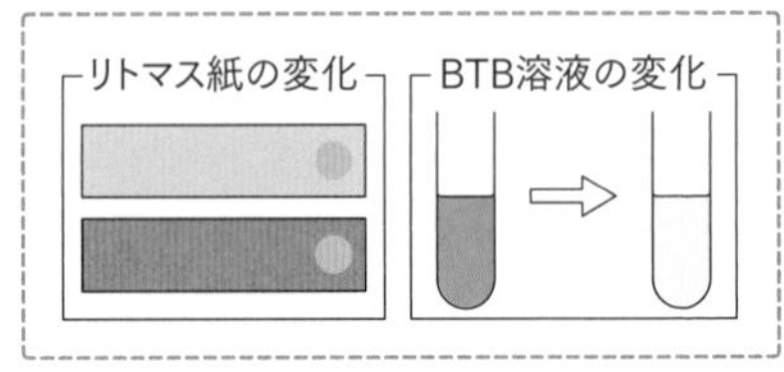

〈塩酸の特徴〉

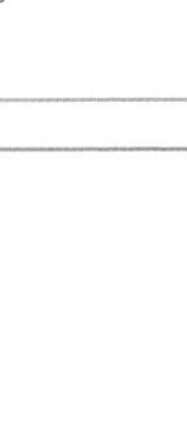

- 塩化水素という【気】体が溶けている。
- 強い【におい】(刺激臭)がある。
- 強い酸性で，鉄や亜鉛などと反応して，【水素】を発生させる。
- 【石灰石】と反応して，【二酸化炭素】を発生させる。炭酸カルシウムをふくむ卵のからやチョークを加えても，同様に反応する。
- 水酸化ナトリウム水溶液を加えると，【中和】反応をして【食塩】ができる。
- ヒトの【胃】液にふくまれている。

〈炭酸水の特徴〉

- 【二酸化炭素】という気体が溶けている。
- 【石灰水】を白くにごらせる。
- 空気中に置いておくと二酸化炭素がぬけていく。
【泡】が出るので，見た目で区別できることがある。
- 弱い酸性で，金属とはほとんど反応しない。

〈ホウ酸水の特徴〉

- ホウ酸という【固】体が溶けている。
- 弱い酸性で，金属とはほとんど反応しない。

すっぱい味がするのも共通の性質だけど，味見はしないでね。

レモン汁(クエン酸をふくむ)や食酢(酢酸をふくむ)も，酸性だね。

問題演習

ゼッタイに押さえるべきポイント

□石灰石に塩酸を加えると【二酸化炭素】が発生する。（開智中など）

□アルミニウムや亜鉛に塩酸を加えると【水素】が発生する。（灘中など）

□水溶液を観察したとき，泡が出ている水溶液は【炭酸水】である。（広島大学附属福山中など）

□塩酸にBTB溶液を加えると，液は【黄】色になる。（開智日本橋学園中・東海中など）

□うすい塩酸は【青】色リトマス紙の色を【赤】色に変える。（桐光学園中など）

□うすい塩酸，ホウ酸水，炭酸水のうち，水を蒸発(じょうはつ)させると固体が残るのは，【ホウ酸水】である。（慶應義塾中等部など）

□塩酸はヒトの【胃液】にふくまれており，食物の消化にかかわる。（白百合学園中など）

入試で差がつくポイント 解説➡p154

□うすい塩酸に鉄を溶かした液から水を蒸発させて残る固体は，鉄を溶かす前の塩酸にもともと溶けていたものではない。そのことを確かめるためには，どのような実験をすればよいか。簡単(かんたん)に説明しなさい。（筑波大学附属中など）

［例：塩酸だけを加熱し，水を蒸発(じょうはつ)させる。］

□A，B，Cの3種類の固体があり，それらは鉄，アルミニウム，銅のどれかである。A～Cを少量とり，うすい塩酸，うすい水酸化ナトリウム水溶液を加えたところ，次のような結果になった。A～Cはそれぞれ何か。（お茶の水女子大学附属中など）

加えたもの	A	B	C
うすい塩酸	泡を出してすべて溶けた。	変化なし	泡を出してすべて溶けた。
うすい水酸化ナトリウム水溶液	泡を出してすべて溶けた。	変化なし	変化なし

A【アルミニウム】，B【銅】，C【鉄】

テーマ42 水溶液 アルカリ性水溶液

要点をチェック

〈アルカリ性の水溶液に共通する性質〉

①【赤】色リトマス紙を【青】色に変える。
【青】色リトマス紙は【青】色のまま。
②ムラサキキャベツ液を【黄】色に変える。
アルカリ性が弱いと【緑】色。
③BTB溶液を【青】色に変える。
④フェノールフタレイン液を【赤】色に変える。

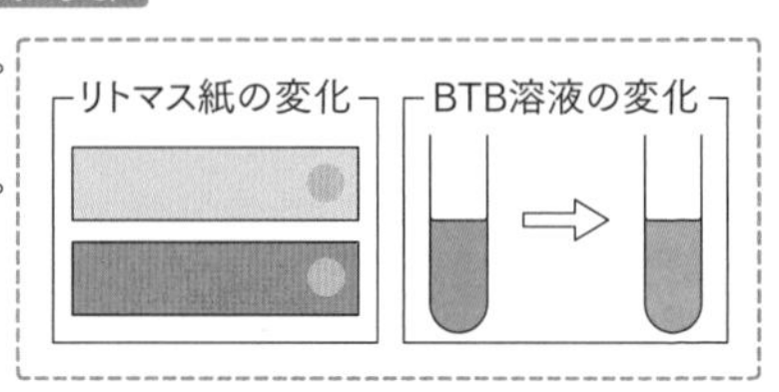

〈水酸化ナトリウム水溶液の特徴〉

- 水酸化ナトリウムという【固】体が溶けている。
- 強いアルカリ性で，亜鉛やアルミニウムと反応して，【水素】を発生させる。塩酸とはちがい，**マグネシウム**や【鉄】とは反応しない。
- 塩酸を加えると，【中和】反応をして【食塩】ができる。

〈石灰水の特徴〉

- 消石灰（水酸化カルシウム）という【固】体が溶けている。
- 二酸化炭素と反応して【白】くにごる。さらに二酸化炭素を加えると，にごりが【消える】（右図）。
- 弱いアルカリ性。

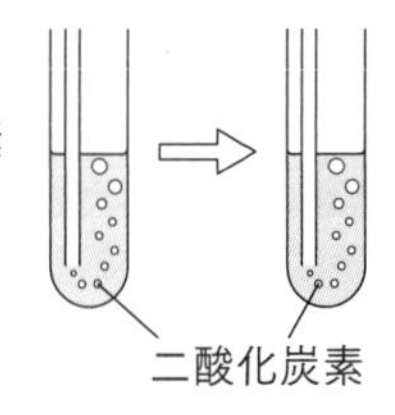

〈重曹水の特徴〉

- 重曹（炭酸水素ナトリウム）という【固】体が溶けている。
- 加熱すると重曹が分解して，【二酸化炭素】が発生する。
- 弱いアルカリ性。中和反応で【二酸化炭素】が発生する。

〈アンモニア水の特徴〉

- アンモニアという【気】体が溶けている。加熱すると，溶けきれなくなったアンモニアが発生する。
- 強い【におい】（刺激臭）がある。
- 弱いアルカリ性。

アルカリ性の水溶液は，なめると苦いけれど，苦いものがすべてアルカリ性というわけではないよ。

問題演習

ゼッタイに押さえるべきポイント

□アンモニア水，炭酸水，石灰水，塩酸，ホウ酸水のうち，赤色リトマス紙を青色に変えるものは【2】つある。（神奈川大学附属中など）

□食塩水，砂糖水，重曹水のうち，BTB溶液を青色に変えるのは【重曹水】である。

□水酸化カルシウム水溶液は，別名を【石灰水】という。
（筑波大学附属駒場中・海陽中など）

□フェノールフタレイン液を加えた塩酸に，水酸化ナトリウム水溶液を加えていくと，色が【無】色から【赤】色に変わった。

□鉄片とアルミニウム片を水酸化ナトリウム水溶液に入れたときの変化として正しいものは【ア】である。（巣鴨中など）
ア　アルミニウムのみ気体が発生する　イ　鉄のみ気体が発生する
ウ　どちらも気体が発生する　エ　どちらも気体が発生しない

□重曹に酢を加えると，【二酸化炭素】が発生する。（中央大学附属中など）

□食塩・重曹・酢を少しずつなめてみた。それぞれの味として正しいものを，次のア～オの中から1つずつ選びなさい。（暁星中など）
ア　あまい　イ　すっぱい　ウ　しょっぱい　エ　にがい　オ　からい
食塩【ウ】重曹【エ】酢【イ】

入試で差がつくポイント 解説➡p154

□アルミニウム製の缶に水酸化ナトリウムをふくむ洗剤を入れて，ふたをしっかり閉めて運んでいたら，アルミニウム缶が破裂して，まわりにいた人がケガをしてしまう事故があった。アルミニウム缶はなぜ破裂したか，簡単に説明しなさい。（桐朋中など）

［例：アルミニウムが水酸化ナトリウムと反応して水素が発生し，アルミニウム缶の中の圧力がとても高くなったから。］

□石灰水に二酸化炭素を通すと白くにごるが，さらに二酸化炭素を通すと，この白いにごりは消える。この現象と同じ原理でできる地形を，次のア～エの中から1つ選びなさい。（白百合学園中など）
ア　V字谷　イ　三角州　ウ　鍾乳洞　エ　扇状地　【ウ】

テーマ43 水溶液　中性水溶液

要点をチェック

〈中性の水溶液に共通する性質〉

①【青】色リトマス紙の色や【赤】色リトマス紙の色を【変えない】。
②BTB溶液の色やムラサキキャベツ液の色を【変えない】。

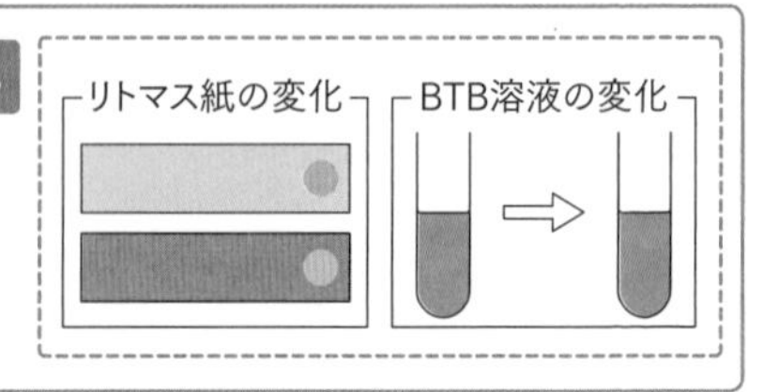

〈砂糖水の特徴〉

- 砂糖が溶けている。強く加熱すると，焦げて【黒】いもの（炭）が残る。
- 電流が流れ【ない】。

〈食塩水の特徴〉

- 食塩（**塩化ナトリウム**）が溶けている。
- 加熱すると水だけが蒸発して，【白】い結晶が残る。
- 電流が流れ【る】。
- 100℃より【高】い温度で沸騰する。0℃より【低】い温度でこおる。
  食塩水が濃いほど，100℃（0℃）との温度の差が大きくなる。
- 塩酸と水酸化ナトリウム水溶液が中和するとできる。(→テーマ49)

〈アルコール水溶液の特徴〉

- 【液】体のアルコール（ふつうは**エタノール**）が溶けている。
- 水を蒸発させると，アルコールは残【らない】。
- 電流が流れ【ない】。
- 特有な【におい】がある。
- アルコールが多くふくまれているものは，火をつけると【燃える】。
- 沸点が決まった温度にならない。
- 加熱すると，アルコールが【先】に蒸発し始める。
- 加熱して蒸発させたアルコールを集めて冷やすと，アルコールを多くふくむ液体がとりだせる。（この方法を**蒸留**という。）

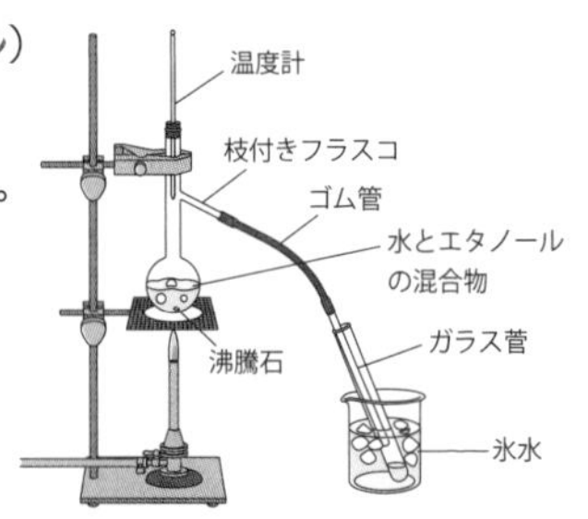

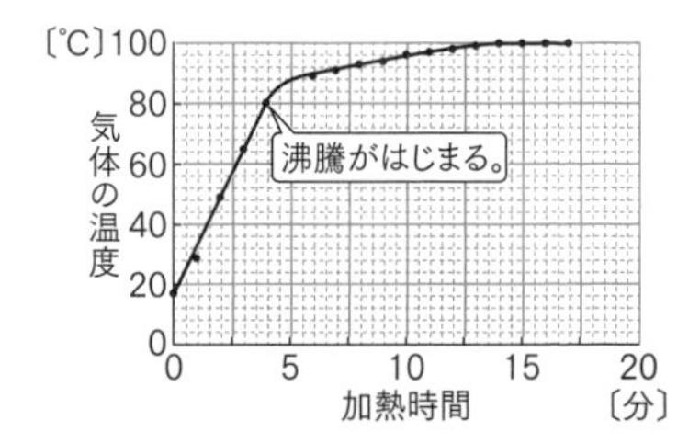

問題演習

ゼッタイに押さえるべきポイント

白い粉末A，B，Cがあり，それぞれ，デンプン，食塩，砂糖のいずれかである。それぞれについて，次の実験を行った。

実験1　A～C3gを，20℃の水50cm^{3}に加えた。
結果1　Aは溶けず，BとCは全部溶けた。

実験2　A～Cを少量とり，燃焼さじにのせて加熱した。
結果2　Bだけが変化せず，AとCは同じ色に変わった。

□結果2で，AとCは【黒】色になった。

□デンプンは【A】，食塩は【B】，砂糖は【C】である。　（開智中など）

□水とエタノールが混ざった液体を加熱して，液体の温度の変化を調べた。このときのようすを表す図は，次の【エ】である。ただし，水の沸点は100℃，エタノールの沸点は78℃であるとする。　（本郷中など）

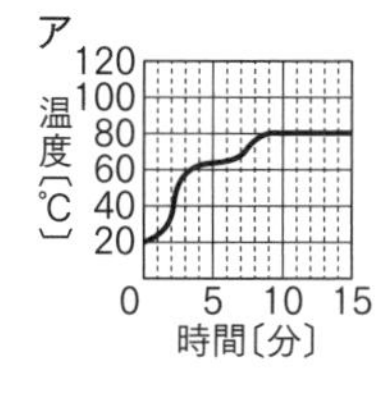

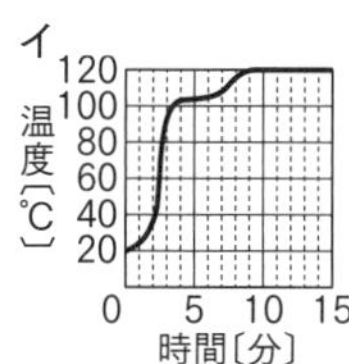

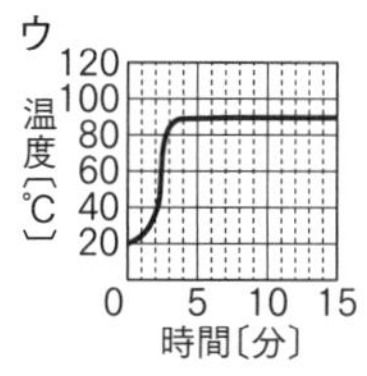

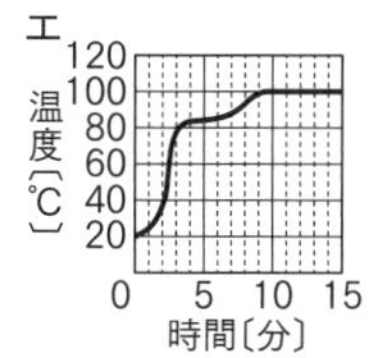

入試で差がつくポイント 解説➡p154

□食塩水の沸点は100℃より【高】くなる。これと同じしくみでおこる現象を，次のア～ウの中から1つ選びなさい。　（巣鴨中など）

ア　海水でぬれた洗濯物（せんたくもの）は乾（かわ）きにくい。
イ　キュウリを塩もみすると水が出てくる。
ウ　豆乳に，にがりを加えると固まって，豆腐（とうふ）になる。　【ア】

□図のようにして食塩水から水を蒸発させ，純粋（じゅんすい）な水をつくった。火を消すとき，ガラス管の先が水につからないようにする。その理由を簡単（かんたん）に説明しなさい。
（須磨学園中・鎌倉学園中など）

［例：加熱をやめるとフラスコ内の空気の圧力が下がるので，ガラス管の先が水につかっていると，水が逆流してしまうから。］

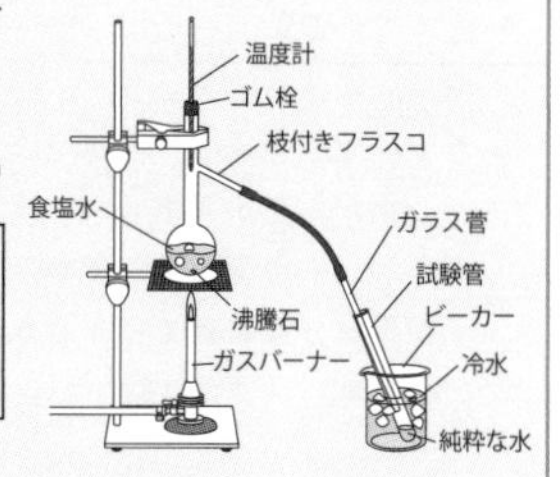

テーマ44 水溶液　電解質

要点をチェック

〈電解質と非電解質〉

電解質	水溶液に電流が流れ【る】物質	【酸】性の水溶液に溶けている物質 【アルカリ】性の水溶液に溶けている物質 【食塩】など
非電解質	水溶液に電流が流れ【ない】物質	砂糖，アルコール（エタノール）など →【中】性の水溶液に溶けている物質に多い

〈電池のしくみ〉

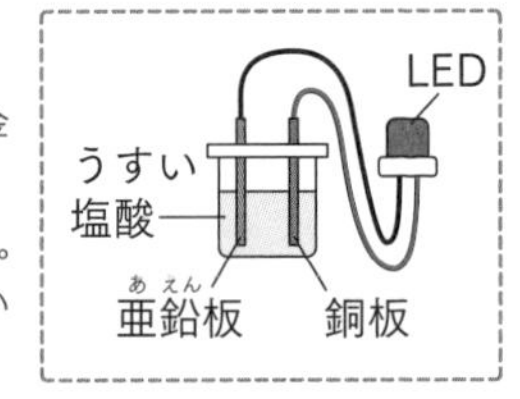

- 【電解質】の水溶液に，【2】種類の金属板を入れて，金属板を導線でつなぐと，電流が流れる。
- 流れる電流の強さや向きは，金属の組み合わせで変わる。
- 電流を流し続けると，－極の金属が**溶ける**。電流が強いときや，電流を流す時間が長いとき，たくさん溶ける。

〈果物電池と木炭電池〉

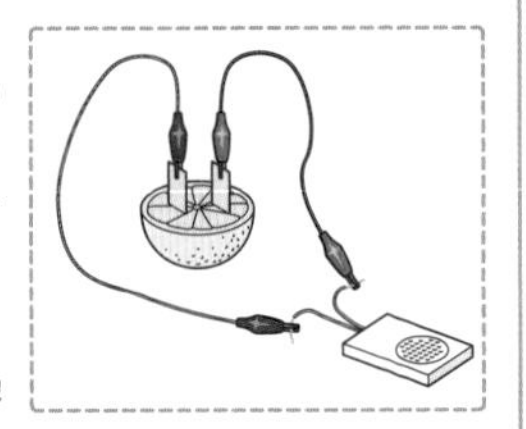

- 野菜や果物の汁は電流が流れ【る】ので，ちがう種類の金属板をさして導線でつなぐと，電池になる。
- 木炭に，**食塩水**で湿らせたキッチンペーパーを巻きつけて，その上からさらにアルミニウム箔を巻きつけると，電池になる。＋極は**木炭**，－極は**アルミニウム箔**。
- 木炭電池で電流を流し続けると，アルミニウム箔が【溶ける】。

〈電気分解〉

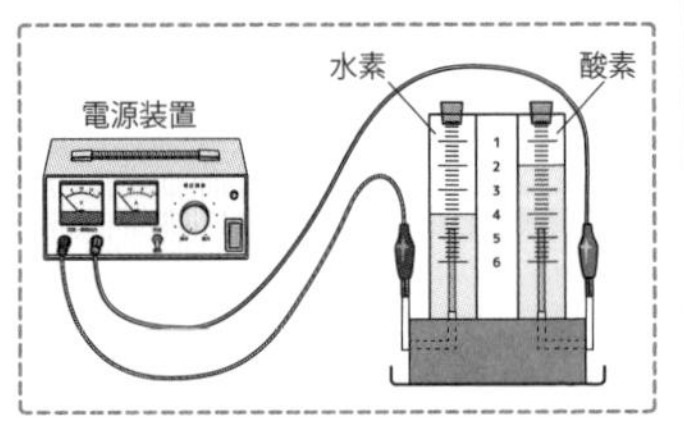

- 電解質の水溶液に電流を流すと，化学反応が起きて，電解質または水が分解される。この操作を**電気分解**という。
- うすい水酸化ナトリウム水溶液に電流を流すと，水が電気分解されて，電源の－極側から水素が，＋極側から酸素が発生する。
- 水が電気分解されてできる水素と酸素の体積比は，**2：1**になっている。

問題演習

ゼッタイに押さえるべきポイント

□食塩水，砂糖水，アルコール水溶液，蒸留水，塩酸のうち，電流を通しやすいのは，【食塩水】と【塩酸】である。　（早稲田大学高等学院中学部など）

□図1のように，レモンに銅板と亜鉛板をさし込み，LEDにつなぐと，LEDは点灯【する】。ただし，LEDは正しい向きでつなぐものとする。

（湘南白百合学園中など）

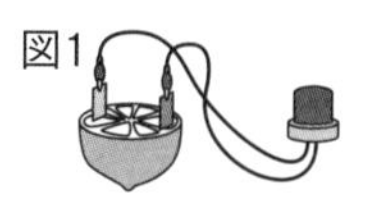

□木炭，アルミホイル，食塩水をしみこませたキッチンペーパーを使って，図2のような電池をつくった。①～③に当てはまる材料をそれぞれ答えなさい。

（学習院女子中等科など）

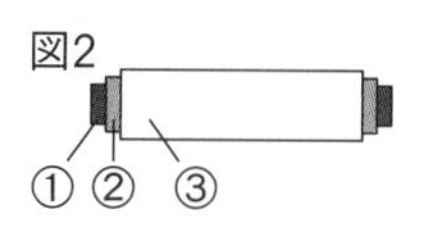

①【木炭】　②【食塩水をしみこませたキッチンペーパー】

③【アルミホイル】

□図3のような装置で，水酸化ナトリウム水溶液を電気分解した。A，Bのうち【A】からは水素が発生し，もう一方からは【酸素】が発生する。

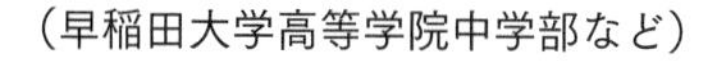
（早稲田大学高等学院中学部など）

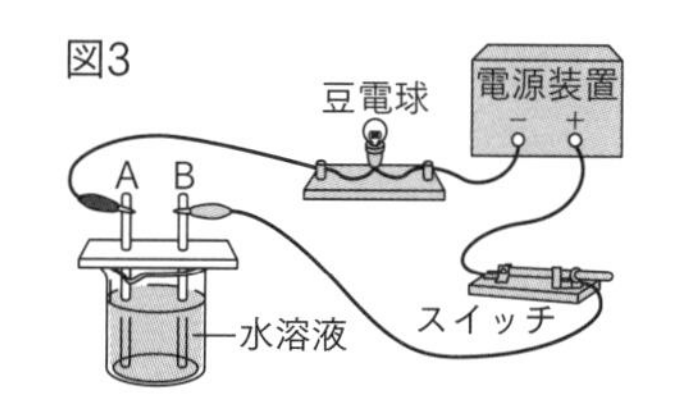

入試で差がつくポイント

解説➡p154

□図4のように，ビーカーにうすい硫酸（りゅうさん）を入れて，亜鉛板と銅板をさし込み，導線で電子オルゴールにつなぐと音が鳴った。5分後，亜鉛板が少し溶けていた。図4と同じ装置を2つ用意して図5のようにつないだとき，電子オルゴールの音の大きさと，5分後の亜鉛板の溶け方はそれぞれどのように変わるか。簡単（かんたん）に説明しなさい。

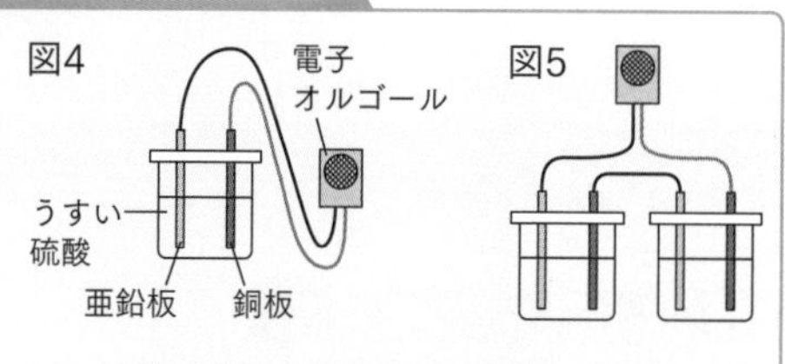

（学習院女子中等科など）

［例：電子オルゴールの音は大きくなり，亜鉛板は図4よりもたくさん溶ける。］

テーマ45 水溶液　水溶液の分類

要点をチェック

〈性質で分類する〉

性質	水溶液の例	主な性質
酸性	塩酸，酢酸，ホウ酸水， ミョウバン水，炭酸水	【青】色リトマス紙を【赤】色にする。 BTB溶液を【黄】色にする。
アルカリ性	水酸化ナトリウム水溶液， アンモニア水 石灰水，重曹水	【赤】色リトマス紙を【青】色にする。 【フェノールフタレイン】液を赤色にする。 BTB溶液を【青】色にする。
中性	食塩水（電解質の水溶液）， 砂糖水（非電解質の水溶液）	金属を溶か【さない】。 リトマス紙やBTB溶液の色を変え【ない】。

〈溶けているものの状態で分類する〉

状態	水溶液の例	主な性質
【固】体	水酸化ナトリウム水溶液， 食塩水，ホウ酸水，石灰水	水分を蒸発させると結晶が残る。
液体	アルコール水溶液，酢酸	加熱しても何も残らない。 【蒸留】で液体が取り出せる。
気体	塩酸，炭酸水， アンモニア水	加熱しても何も残らない。 加熱の途中で【気体】が出てくる。

〈金属と反応する水溶液〉

塩酸，硫酸	鉄，亜鉛，アルミニウム，マグネシウムなどと反応して【水素】発生。
水酸化ナトリウム水溶液	【アルミニウム】，亜鉛などと反応して水素発生。 鉄とは反応【しない】。

〈特別な性質をもつ水溶液〉

炭酸水	石灰水と混ぜると，石灰水が【白】くにごる。
石灰水	二酸化炭素と反応して【白】くにごる。
アンモニア水，塩酸	特有の【におい】（刺激臭）をもつ。
砂糖水	加熱すると【黒】く焦げる。
アルコール水溶液	火をつけると【燃え】ることがある。
重曹水	加熱すると【二酸化炭素】を発生する。 塩酸や酢酸と反応して【二酸化炭素】を発生する。

問題演習

ゼッタイに押さえるべきポイント

7種類の水溶液A～Gがあり，それぞれ次のうちのどれかである。

食塩水　うすい塩酸　石灰水　炭酸水　砂糖水

アンモニア水　うすい水酸化ナトリウム水溶液

実験を行い，A～Gの性質を調べた結果，次のことがわかった。

・A，D，Eはアルカリ性，B，Cは酸性，F，Gは中性である。

・加熱して水分を蒸発させると，D，E，Fで白いものが残り，Gは黒く焦げた。

・Cにスチールウール，Eにアルミニウム箔を入れると，どちらも溶けた。

・BとDを混ぜると，白くにごった。

□それぞれの水溶液がA～Gのどれに当てはまるか，記号で答えなさい。

（中央大学附属中など）

食塩水【F】，うすい塩酸【C】，石灰水【D】，炭酸水【B】，砂糖水【G】，アンモニア水【A】，うすい水酸化ナトリウム水溶液【E】

□右図のようにして，水溶液を区別した。操作①～③に当てはまるものを，それぞれ次のア～エの中から1つずつ選びなさい。

食塩水, うすい塩酸, うすいアルコール水溶液, 石灰水

操作①

食塩水, 石灰水　／　うすい塩酸, うすいアルコール水溶液

操作②　／　操作③

食塩水　石灰水　／　うすい塩酸　うすいアルコール水溶液

（巣鴨中・高槻中など）

ア　赤色リトマス紙の色の変化を調べる

イ　青色リトマス紙の色の変化を調べる

ウ　加熱して固体が残るかどうかを調べる

エ　水溶液の色を比べる

①【ウ】　②【ア】　③【イ】

入試で差がつくポイント 解説➡p154

□いろいろな水溶液を右図のように分類した。アルコール水溶液，ホウ酸水，アンモニア水が当てはまる部分を，図のア～キからそれぞれ1つ選びなさい。　（高槻中など）

アルコール水溶液…【キ】

ホウ酸水…【ア】

アンモニア水…【カ】

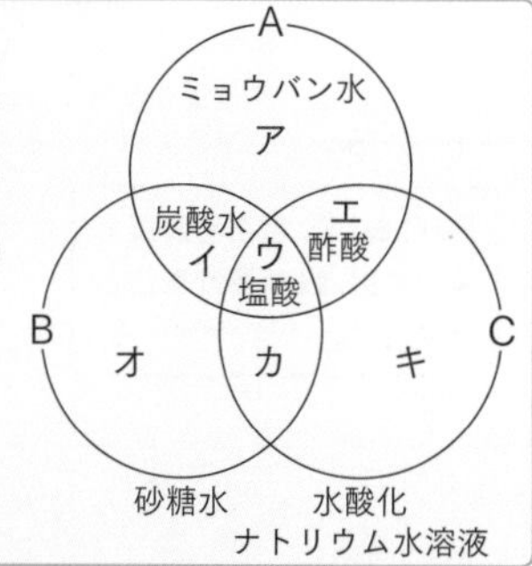

テーマ46 水溶液
水溶液と金属との反応

要点をチェック

〈金属が化学反応を起こして溶ける〉

- 多くの金属（鉄，アルミニウム，亜鉛，マグネシウムなど）は，塩酸と化学反応を起こして溶ける。これらの金属が塩酸などに溶けるとき，【水素】が発生する。
- 一部の金属（【アルミニウム】，【亜鉛】など）は，水酸化ナトリウム水溶液とも化学反応を起こして溶ける。これらの金属が水酸化ナトリウム水溶液に溶けるとき，【水素】が発生する。
- 【銅】や銀，金などは，塩酸にも水酸化ナトリウム水溶液にも溶けない。
- 反応後の水溶液には，**元の金属とは異なる物質**が溶けている。水を蒸発させて残るものは，金属の性質（電気を**通す**，みがくと**光る**，たたくと**広がる**など）を【もたない】。

〈反応する金属の重さや，発生する水素の体積の関係〉

- ある量の塩酸が溶かすことのできる金属の重さには限度がある。限度量をこえて金属を加えると，金属が溶け残る。
- 金属がすべて溶けるとき，発生する水素の量と金属の重さが【比例】する。
- 溶かすことができる金属の量は，塩酸の【量】や【濃さ】によって変わる。

〈計算問題の基本〉

- 発生する気体（水素）の量に注目して，反応する量の関係を読みとる。
  (1) 塩酸の体積が一定（図1）
  →気体の量が一定になったところを境にして，それより金属が多いと金属が溶け残る。
  (2) 金属の重さが一定（図2）
  →気体の量が一定になったところを境にして，それより塩酸が多いと，塩酸が余る。

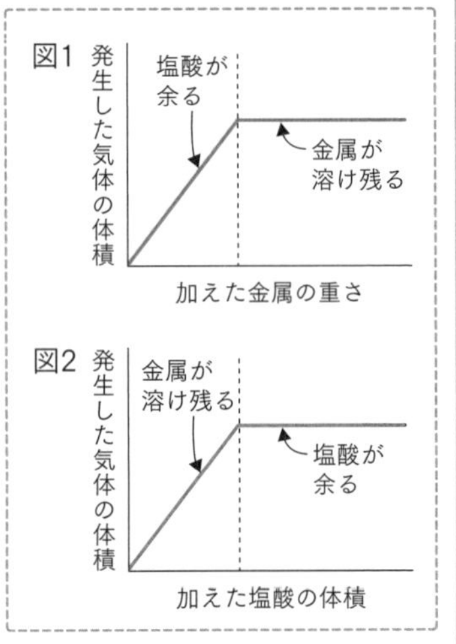

酢（酢酸）も，濃さや温度によっては，鉄を溶かすことがあるよ。

問題演習

ゼッタイに押さえるべきポイント

□次のア～オのうち，水酸化ナトリウム水溶液に溶けて気体を発生するのは【イ】，塩酸にも水酸化ナトリウム水溶液にも溶けないのは【オ】である。
ア　鉄　イ　亜鉛　ウ　マグネシウム　エ　石灰石　オ　銅　（海陽中など）

グラフは，ある濃さの塩酸100mLに，いろいろな重さのアルミニウムを加えたときに，加えたアルミニウムの重さと発生した気体の体積の関係を表している。

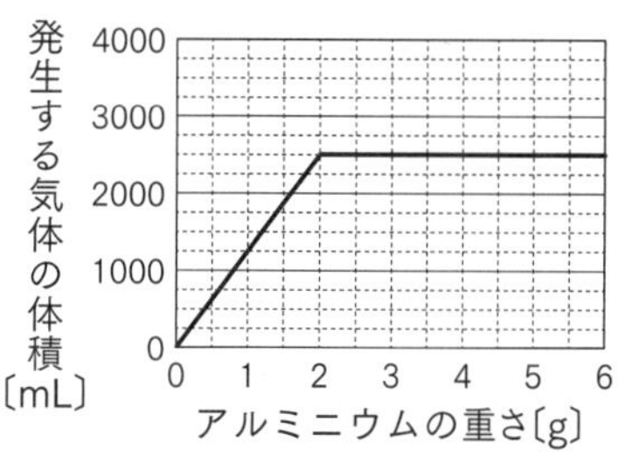

□この塩酸100mLに溶かすことができるアルミニウムは最大で【2】gである。
（高槻中・城北中など）

□この塩酸300mLにアルミニウムを10g加えると，【4】g溶け残る。
（浦和明の星女子中など）

□アルミニウム0.5gをすべて溶かすには，この塩酸は少なくとも【25】mL必要になる。また，この塩酸の濃さを半分にして，アルミニウム0.5gをすべて溶かすとき，必要な塩酸の量は，【50】mLになる。発生する気体の量は【変わらない】。
（ラ・サール中など）

□このとき発生する気体は【水素】である。　（青稜中など）

スチールウールが反応した塩酸から水を蒸発させると，白い固体が出てきた。

□この固体は電気を【通さない】。　（成蹊中など）

□次のア～エのうち，この固体を塩酸に入れたときのようすに最も近いものを1つ選びなさい。できたらスゴイ！　（市川中など）
ア　亜鉛を塩酸に入れる。　イ　鉄を水酸化ナトリウム水溶液に入れる。
ウ　デンプンを水に入れる。　エ　食塩を水に入れる。　【エ】

入試で差がつくポイント 解説➡p154

□0.4gのアルミニウム片と0.4gの鉄片を，それぞれ十分な量の塩酸と反応させたところ，アルミニウム片では気体が400mL，鉄片では気体が200mL発生した。アルミニウムと鉄を混合した粉末1gを十分な量の塩酸と反応させたところ，気体が825mL発生した。この粉末1gには，アルミニウムが【0.65】gふくまれている。　（本郷中・國學院大學久我山中など）

テーマ47 水溶液 指示薬

要点をチェック

〈主な指示薬〉

	【酸】性	【中】性	【アルカリ】性
リトマス紙	赤色→赤色	赤色→赤色	赤色→青色
	青色→赤色	青色→青色	青色→青色
BTB溶液	黄色	緑色	青色
フェノールフタレイン液	無色	無色	赤色

- BTB溶液が青色から緑色になった→【アルカリ】性から【中】性になった。
- フェノールフタレイン液の赤色が消えた→【アルカリ】性ではなくなった。

〈ムラサキキャベツ液〉

- ムラサキキャベツから取り出した色水は，指示薬のはたらきがある。
（ムラサキキャベツ液ともよばれる）

酸性		中性	アルカリ性	
強	弱		弱	強
【赤】色	赤紫色	紫色	【緑】色	【黄】色

- 紫色や青色の植物から取り出した色水は，同じはたらきをもつ。
（例：ムラサキイモ，ブルーベリー，ブドウ，アサガオなど）

〈身のまわりにある酸性・アルカリ性の物質〉

- 空気中の【二酸化炭素】は，水に少し溶けて酸性を示す。
- 酢やレモン果汁は【酸】性。
- ベーキングパウダーは重曹をふくむので弱い【アルカリ】性。加熱すると重曹が分解して，アルカリ性が少し【強】くなる。
- トイレ用の洗剤は強い【酸】性。ポットや加湿器に使うクエン酸は【酸】性。
- 排水口用の洗剤や，セッケン水，油汚れ用の洗剤は【アルカリ】性。
- 塩素系の漂白剤はアルカリ性。

〈pH〉

- 酸性やアルカリ性の強さを表す数値にpHがある。
- pHが7のときは【中】性，それより小さいときは【酸】性，大きいときは【アルカリ】性である。

問題演習

ゼッタイに押さえるべきポイント

□ムラサキキャベツ液の色は酸性が強い場合から順に，【赤】色，【赤紫】色，紫色，【緑】色，【黄】色と変わる。（立教新座中など）

□紙にぬったスティックのりの青色が，だんだんうすくなっていった。これは，のりにふくまれるアルカリ性の成分が，空気中の【二酸化炭素】によって中和されたためである。（巣鴨中・大阪教育大学附属平野中など）

□水酸化ナトリウム水溶液にフェノールフタレイン液を少量加えたA液と，塩酸にBTB溶液を少量加えたB液を混ぜ合わせて，ちょうど中和したら，【緑】色になる。（土佐塾中・鷗友学園女子中など）

□次のア～エのうち，酸性やアルカリ性によって色が変わったものを，1つ選びなさい。（女子学院中など）

ア　砂糖(さとう)を加熱したら黒くなった。
イ　紅茶にレモンを入れると色がうすくなった。
ウ　トウガラシを入れた油が赤くなった。
エ　石灰水と炭酸水を混ぜたら白くにごった。【イ】

□ある濃さの塩酸Aと，塩酸Aを水で100倍にうすめた塩酸B，塩酸Bを水で100倍にうすめた塩酸Cをそれぞれ試験管にとり，BTB溶液を加えた。塩酸Bに少量のマグネシウムを入れると，水溶液の色はどうなるか。次のア～ウの中から1つ選びなさい。（駒場東邦中など）

ア　塩酸Aに近づく。　イ　変わらない。　ウ　塩酸Cに近づく。【ウ】

入試で差がつくポイント 解説➡p155

□市販のホットケーキミックスにムラサキイモの粉と水を加えて，紫色のホットケーキの生地をつくった。これを焼いてできたホットケーキは，緑色になった。次のA，Bを手掛(てが)かりにして，この理由を簡単(かんたん)に説明しなさい。

A：ホットケーキミックスは，小麦粉，砂糖，食塩，重曹などをふくむ。
B：ムラサキイモの色素は，ムラサキキャベツにもふくまれている。

（桜蔭中など）

［例：加熱前のホットケーキの生地はほぼ中性に近い，弱いアルカリ性なので紫色だったが，加熱によって重曹が分解して炭酸ナトリウムに変わり，生地が少し強いアルカリ性になったので，緑色になった。］

テーマ48 水溶液　中和反応①

要点をチェック

〈中和反応〉

- 酸性の水溶液とアルカリ性の水溶液が混ざったときに起こる，たがいの性質を打ち消しあって【中】性に近づいていく反応を【中和】反応という。
- 中和が起こったかどうかは，指示薬を使って調べる。
  例：BTB溶液を加えた塩酸が中和されて中性になると，溶液の色は【黄】色から【緑】色になる。

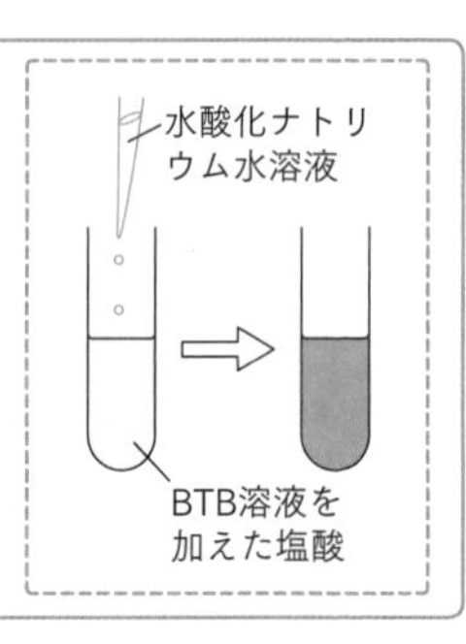

〈水溶液の濃さや体積と中和反応〉

- 混ぜる水溶液の【濃さ】や【体積】によって，ちょうど中性になる場合と，どちらかの水溶液が余る場合がある。
- ちょうど中性になることを完全中和という。

例1：ある濃さの塩酸A10cm³に，ある濃さの水酸化ナトリウム水溶液を少しずつ加えていく。

加えた体積（cm³）	5	10	15
溶液の性質	【酸】性	中性	【アルカリ】性
	（塩酸が余る）	（完全中和）	（水酸化ナトリウム水溶液が余る）

例2：塩酸Aの2倍の濃さの塩酸B10cm³に，例1と同じ濃さの水酸化ナトリウム水溶液を加えていく。

加えた体積（cm³）	10	【20】	30
溶液の性質	【酸】性	中性	【アルカリ】性
	（塩酸が余る）	（完全中和）	（水酸化ナトリウム水溶液が余る）

- 塩酸（水酸化ナトリウム水溶液）が部分的に中和されて，酸性（アルカリ性）が弱くなると，溶かすことのできる金属や石灰石の量が減ったり，気体が発生するときの勢いが弱まったりする。

勢いよく泡が出る　泡の量が減る　反応が止まる
水酸化ナトリウム水溶液を加える　さらに加える
鉄片
BTB溶液を加えた塩酸

水でうすめて酸性を弱めるのは，中和ではないね。

問題演習

ゼッタイに押さえるべきポイント

濃さがちがう2種類の塩酸A，Bと，水酸化ナトリウム水溶液がある。塩酸A10cm^{3}と水酸化ナトリウム水溶液10cm^{3}が完全中和する。塩酸Bの濃さは塩酸Aの半分である。

□水酸化ナトリウム水溶液20cm^{3}を完全中和するのに必要な塩酸Bの体積は，【40】cm^{3}である。（明治大学付属明治中など）

□塩酸B90cm^{3}と水酸化ナトリウム水溶液50cm^{3}を混ぜると【アルカリ】性になる。（神奈川大学附属中など）

□塩酸A15cm^{3}と水酸化ナトリウム水溶液21cm^{3}を混ぜた液に鉄片，石灰石，アルミニウム箔（はく）をそれぞれ加えたときのようすを正しく説明したものを，次のア～オの中から1つ選びなさい。（フェリス女学院中など）

ア　すべて溶ける。　イ　鉄片と石灰石が溶ける。　ウ　鉄片だけ溶ける。
エ　石灰石だけ溶ける。　オ　アルミニウム箔だけ溶ける。【オ】

□温泉の近くにある川は，酸性の水が流れている場合がある。これを中和するために適する液体を，次のア～エの中から1つ選びなさい。【エ】
（東洋英和女学院中学部・頌栄女子学院中など）

ア　食塩水　イ　うすい酢酸　ウ　炭酸水　エ　石灰をまぜた水

□フェノールフタレイン液を加えた塩酸に，水酸化ナトリウム水溶液をスポイトで少しずつ加えていくと，溶液の色はやがて【無】色から【赤】色に変わる。（芝中など）

入試で差がつくポイント 解説➡p155

□水酸化ナトリウム水溶液と塩酸を表のような割合で混ぜて，水溶液A～Cをつくった。水溶液Bを少量とりBTB溶液を加えると，緑色になった。AとCを混ぜた液DにBTB溶液を加えると【青】色になる。これを中性にするためには，水酸化ナトリウム水溶液と塩酸のどちらを何cm^{3}加えればよいか答えなさい。（神奈川大学附属中など）

水溶液	A	B	C
塩酸（cm^3）	30	40	50
水酸化ナトリウム水溶液（cm^3）	20	20	30

【塩酸】を【20】cm^{3}加えればよい

テーマ49　水溶液　中和反応②

要点をチェック

〈中和によってできる物質〉

- 中和反応が起こると，塩という種類の物質と，【水】ができる。塩化ナトリウム（食塩）は，塩のなかまである。
  例：塩酸＋水酸化ナトリウム水溶液→塩化ナトリウム＋水
  　　塩酸＋アンモニア水→塩化アンモニウム＋水
  　　炭酸水＋石灰水（水酸化カルシウム水溶液）→炭酸カルシウム＋水
- 塩酸に溶けている塩化水素は，アンモニアと**気体どうし**で中和反応を起こす。このときできる塩化アンモニウムは，【白】い煙のように見える。
- 炭酸カルシウムのように，水に溶けにくい塩ができることもある。
- 塩の名前は，もとになる酸性やアルカリ性の水溶液の名前で決まる。

〈中和熱〉

- 中和反応が起こると熱が発生して，水溶液の温度が【上】がる。この熱を【中和熱】という。
- 完全中和する前も中和反応は起こっているので，中和熱は発生**する**。
- 完全中和のあと，さらに酸性（アルカリ性）の水溶液を加えても，中和反応は起こらないから，中和熱は発生**しない**。

〈水溶液の量と，水溶液にふくまれる物質〉

- 水溶液にふくまれる物質は，水を蒸発させて調べる。
- 完全中和の場合，塩だけが水に溶けた水溶液になる。
  水を蒸発させると，【塩】が残る。（塩は燃えない・焦げない）
- 完全中和ではない場合，余った酸性（アルカリ性）の水溶液がふくまれている。水を蒸発させると，それらに溶けていた固体が塩に混ざって出てくる。
  例：塩酸を水酸化ナトリウム水溶液で中和して，水を蒸発させる。
  　（1）水酸化ナトリウム水溶液が余ったとき
  　　　中和でできた食塩のほかに，【水酸化ナトリウム】が残る。
  　（2）塩酸が余ったとき
  　　　塩化水素は気体だから，残【らない】。
  　　　中和でできた食塩だけが残る。

問題演習

ゼッタイに押さえるべきポイント

□塩酸にBTB溶液を加えてから，水酸化ナトリウム水溶液を少しずつ加えていったところ，液の色が緑色になった。このときの水溶液に溶けている物質は【塩化ナトリウム（食塩）】である。　（浦和明の星女子中・淳心学院中など）

□水溶液が中和するときに発生する熱を【中和熱】という。

（江戸川学園取手中など）

□ある気体の入った試験管の口に，濃塩酸をしみこませたろ紙を近づけると白い煙が出てきた。これは，濃塩酸から出てきた塩化水素が気体と反応してできた物質である。この気体は何か。次のア～オの中から1つ選びなさい。

（浅野中など）

ア　酸素　イ　二酸化炭素　ウ　水素　エ　アンモニア　オ　水蒸気　【エ】

□塩酸と水酸化ナトリウム水溶液をよく混ぜてから少量とりBTB溶液を加えたところ，青色になった。この溶液の一部をとり，水分を蒸発させると，白い固体が残った。この白い固体にふくまれているものを，次のア～ウの中からすべて選びなさい。　（青山学院中等部など）

ア　塩化水素　イ　水酸化ナトリウム　ウ　塩化ナトリウム　【イ，ウ】

□クエン酸の水溶液に重曹を加えたら，気体が発生した。この気体は【二酸化炭素】である。　（市川中など）

入試で差がつくポイント 解説➡p155

□ある濃さの塩酸50mLに，10％の水酸化ナトリウム水溶液を10mLずつ加えていったところ，温度は次のようになった。ただし，どちらの水溶液も，混ぜる前は10.0℃であり，実験によって発生した熱は外に逃げないものとする。

加えた量（mL）	0	10	20	30	40	50	60
水温（℃）	10.0	15.6	19.6	22.7	25.0	23.5	22.3

加えた量が40mLをこえてからは，水温が上昇していない。これはなぜか，簡単に説明しなさい。　（白百合学園中など）

［例：塩酸がすべて中和してしまい，中和反応が起こらなくなったから。］

テーマ50 水溶液　中和反応③

要点をチェック

〈中和の計算問題〉

- 水を蒸発させて残る固体の増え方が，【完全中和】したときを境にして変わる。

①一定量の水酸化ナトリウム水溶液に塩酸を加える

塩酸（cm^3）	10	20	30	40	50
残った固体の重さ（g）	0.5	0.7	0.9	0.9	0.9

【0.2】gずつ　一定

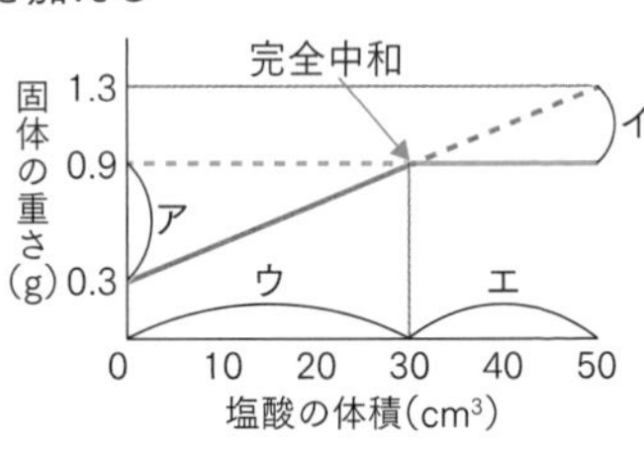

- 完全中和するまでは加えた塩酸がすべて中和され，固体の重さは一定の割合で【増え】る。水を蒸発させて残る固体は，**食塩と水酸化ナトリウム**が混ざっている。
- 完全中和した後は，塩酸が余る。水を蒸発させたとき，塩化水素は残らないから，**食塩だけ**が残る。固体の重さは【一定】になる。

②一定量の塩酸に水酸化ナトリウム水溶液を加える

水酸化ナトリウム水溶液（cm^3）	10	20	30	40	50
残った固体の重さ（g）	0.6	1.2	1.8	2.1	2.4

【0.6】gずつ【0.3】gずつ

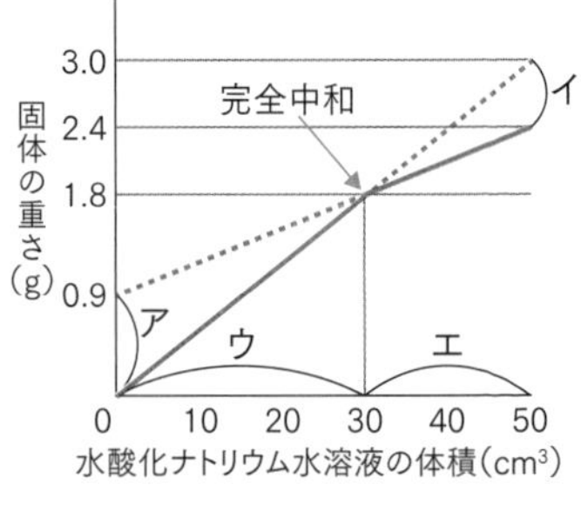

- 完全中和するまでは，加えた水酸化ナトリウム水溶液がすべて中和され，固体の重さは一定の割合で【増え】る。水を蒸発させると食塩が残る。
- 完全中和した後は，加えた水酸化ナトリウム水溶液が余る。したがって，固体の重さは一定の割合で【増え】るが，完全中和前とは増え方が変わる。水を蒸発させて残る固体は，食塩と水酸化ナトリウムが混ざっている。

問題演習

ゼッタイに押さえるべきポイント

5本の試験管a〜eに，ある濃さの水酸化ナトリウム水溶液12mLをいれ，それぞれにちがう量のうすい塩酸を加えた。その後，水を蒸発させて残った固体の重さは表のようになった。

試験管	a	b	c	d	e
加えた量（mL）	2	4	6	8	10
固体の重さ（g）	0.8	0.9	1.0	1.1	1.1

□a〜eのうち，石灰石を溶かすことができるのは【e】，アルミニウム箔を溶かすことができないのは【d】である。（横浜共立学園中など）

□次のア〜エのグラフのうち，残った固体にふくまれる水酸化ナトリウムの重さを表すのは【エ】，食塩の重さを表すのは【イ】である。（サレジオ学院中など）

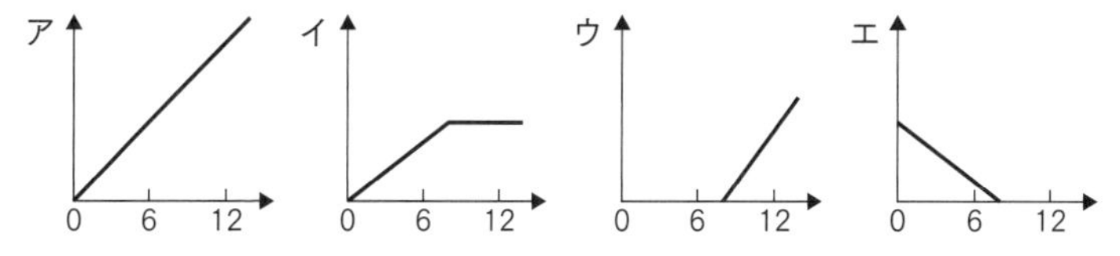

□この水酸化ナトリウム水溶液36mLにうすい塩酸を16mL加えてから水を蒸発させると，白い固体は【2.9】g残る。（桐蔭学園中など）

□塩酸50cm^{3}に水酸化ナトリウム水溶液を加えてから水を蒸発させると，後には白い固体が残った。この結果を右のグラフに表した。グラフのaは【食塩】の量を，bは【食塩と水酸化ナトリウム】の量を表している。

（頌栄女子学院中・金蘭千里中など）

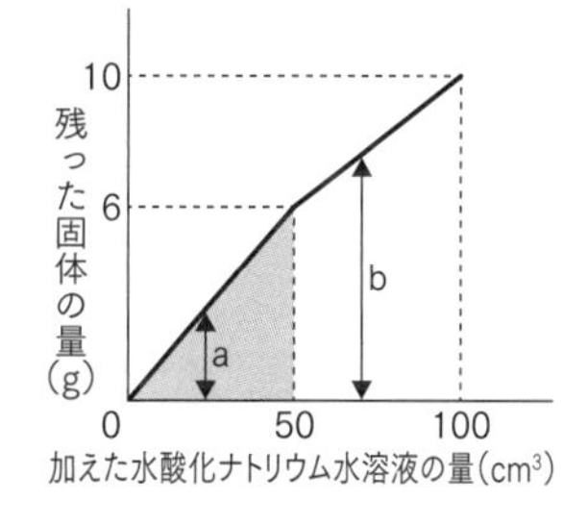

入試で差がつくポイント 解説➡p155

□ある濃さの塩酸と8%の水酸化ナトリウム水溶液を，いろいろな量で混ぜたあと，水を蒸発させて残った固体の重さを調べたら，表のようになった。

水酸化ナトリウム水溶液（cm^3）	10	10	10	10	20
塩酸（cm^3）	0	5	10	20	10
残った固体の重さ（g）	ア	0.99	1.18	1.18	イ

アは【0.8】g，イは【1.98】gである。（早稲田大学高等学院中学部など）

テーマ51 気体 酸素の性質

要点をチェック

〈酸素の重要な性質・特徴〉

- 水に溶け【にく】い。
- 乾燥した空気の体積のうち，約【21】%を占める。これは【窒素】に次いで【2】番目に多い。
- 色やにおいが【ない】。
- ものを【燃やす】はたらきがある（【助燃】性という）。

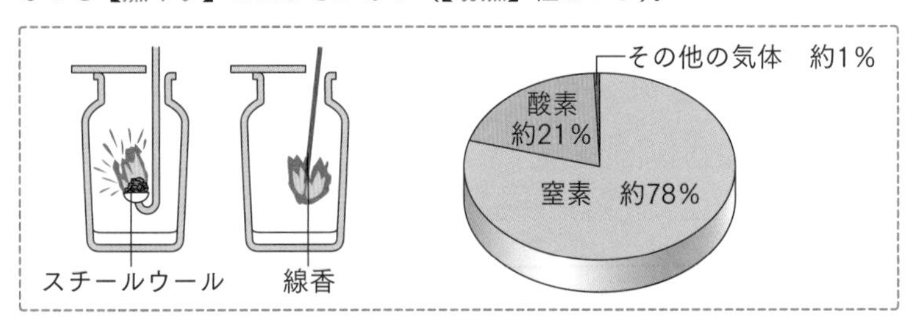

- 気体を集めた容器に火のついた線香を入れたとき，線香が【炎】をあげて燃えたら，その気体は酸素である。
- 同温・同体積で，空気よりわずかに【重】い（空気の約【1.1】倍の重さ）。

〈その他の酸素の性質・特徴〉

- 酸素はいろいろなものと化学反応を起こして結びつく。このはたらきを**酸化**という。**光**や**熱**を発生する激しい酸化を【燃焼】という。
- 酸素は鉄や銅などの金属と結びついて，【さび】をつくる。鉄の赤さびや，銅の緑色のさび（緑青）は，酸素と**水分**があるときにできる。
- アルミニウムのさびや緑青，鉄の黒さびは**内部を酸素から守る**性質をもつので，わざと酸化させることもある。
- 酸素は食品と結びついて，品質を悪くする。そのため，食品を保存するときは，酸素が入らないように，【窒素】を入れたり，脱酸素剤や**酸化防止剤**を使ったりすることがある。

酸素は生物の呼吸にも使われているね。

問題演習

ゼッタイに押さえるべきポイント

□酸素は，【無】色で水に溶け【にく】く，空気より少し【重】い。

（青山学院中等部など）

□右の表は，乾燥した空気にふくまれる気体の体積の割合を表したものである。表のア～エに当てはまる気体の名前を順に答えなさい。

（海陽中・お茶の水女子大学附属中など）

気体	割合（%）
ア	78.1
イ	20.9
ウ	0.93
エ	0.04

ア【窒素】　イ【酸素】

ウ【アルゴン】　エ【二酸化炭素】

□酸素の入った集気びんに火のついた線香を入れたときのようすとして正しいものは，次のア～エのうち，【イ】である。また，このような酸素の性質を【助燃】性という。

ア　空気中と同じように燃える。　イ　空気中より激しく燃える。

ウ　空気中よりも穏(おだ)やかに燃える。　エ　火が消える。

（慶應義塾湘南藤沢中等部・海城中など）

□食品が酸素と結びつくのを防ぐために，食品の袋(ふくろ)を，他の物質と反応しにくい【窒素】で満たすことがある。（豊島岡女子学園中など）

□空気中の酸素が金属と結びついたものを【さび】という。鉄のさびには，鉄をぼろぼろにする【赤】さびと，鉄の表面をおおって内部を守る【黒】さびがある。（青山学院中等部・横浜共立学園中など）

□鉄が使われている脱酸素剤は，酸素にふれると熱くなる。これと同じ仕組みで熱を出しているものを，次のア～ウの中から1つ選びなさい。

（渋谷教育学園渋谷中など）

ア　白熱電球　イ　エアコン　ウ　使い捨てカイロ　【ウ】

入試で差がつくポイント 解説➡p155

□食品の酸化を防ぐために，ビタミンCなどの酸化されやすい物質を酸化防止剤として加えることがあるが，レトルト食品には酸化防止剤が使われていないことが多い。その理由を簡単(かんたん)に説明しなさい。（世田谷学園中など）

例：レトルト食品は（酸素をふくまない状態で）密閉されているので，食品が酸素にふれないから。

テーマ52 気体　酸素の発生実験

要点をチェック

〈酸素の発生方法〉

- 【過酸化水素水（オキシドール）】という液体に，【二酸化マンガン】という【黒】い固体を加える。
- 発生する酸素の体積は，過酸化水素水の濃(こ)さや【量】によって決まる。
  過酸化水素 → 酸素＋水　という分解反応が起きている。
- 二酸化マンガンは，この化学反応によって変化【しない】。このように，**自身が変化せず，反応を助けるはたらきをする**ものを，【触媒(しょくばい)】という。
- 二酸化マンガンの量を増やしても，発生する酸素の体積は**変わらない**。
  酸素が発生する**速さ**は変わる（速くなる）。
- 二酸化マンガンの代わりに，ブタや鳥の【レバー（肝臓(かんぞう)）】やニンジンの切れ端(はし)も触媒として使える。これらには，過酸化水素を分解する**酵素(こうそ)**がふくまれている。
- 酸化銀を【加熱】することや，**水の電気分解**でも，酸素が発生する。

〈酸素の発生実験〉

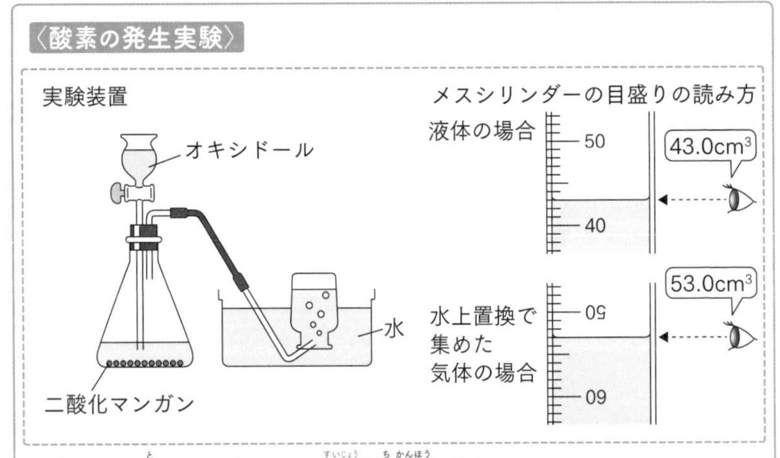

- 酸素は水に溶(と)け【にく】いから【水上(すいじょう)】置換法(ちかんほう)で集める。
- メスシリンダーに集めると，集めた酸素の体積を調べることができる。

問題演習

ゼッタイに押さえるべきポイント

□酸素を発生させるときは，【過酸化水素水（オキシドール）】という液体に【二酸化マンガン】という【黒】い固体を加える。この液体の薬品は【消毒】薬として使われる。（逗子開成中・洛南高等学校附属中など）

□図1の装置で酸素を発生させ，【水上】置換法でメスシリンダーに集めた。図2はメスシリンダーの水面付近である。発生した酸素は【32.5】mLである。（渋谷教育学園幕張中など）

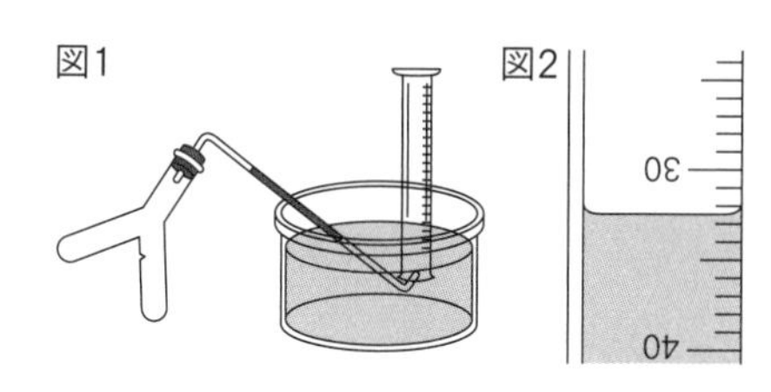

□酸素の発生では，二酸化マンガンはほとんど変化しない。このように化学反応を助けるが自分自身は変化しないものを【触媒】という。（穎明館中・芝中など）

□二酸化マンガンの代わりにブタの【レバー（肝臓）】を使っても，酸素が発生する。（穎明館中など）

□二酸化マンガン1gに過酸化水素水を20mL加えたら，酸素が180mL発生した。二酸化マンガンを3gに増やすと，酸素は【180】mL発生する。（慶應義塾湘南藤沢中等部など）

入試で差がつくポイント 解説➡p155

過酸化水素水に粒(つぶ)状の二酸化マンガンを加えると，過酸化水素水に溶けている過酸化水素が，水と酸素に分解する。過酸化水素68gが分解したとき，酸素24Lと水36gができるとして，次の問に答えなさい。（城北中など）

□酸素24Lの重さは【32】gである。

□酸素240mLを発生させるとき，4.0％の過酸化水素水は【17】g必要になる。（明治大学付属中野中など）

□二酸化マンガンの重さを変えずに，粉末にした場合，どうなるか。次のア～エの中から1つ選びなさい。

ア　発生する酸素の量が増える　　イ　発生する酸素の量が減る
ウ　酸素が勢いよく発生する　　エ　酸素がゆっくり発生する　　【ウ】

テーマ53 気体
二酸化炭素の性質

要点をチェック

〈二酸化炭素の重要な性質・特徴〉

- 空気より少し【重】い。空気の約【1.5】倍の重さ。
- 色もにおいも【ない】。
- 水に少し【溶ける】。水溶液は弱い【酸】性で，【炭酸水】とよばれる。
- 乾燥した空気の体積のうち，約【0.04】%を占める（【4】番目に多い）。
- 気体を集めた容器に石灰水を加えて振ったとき，石灰水が【白】くにごったら，その気体は二酸化炭素である。
- ろうそくや木，デンプン，紙，アルコール，ガス，プラスチックなどを燃やす（完全燃焼させる）と発生する。

〈二酸化炭素のその他の性質〉

- 二酸化炭素は燃え【ない】。また，ものを燃やす性質もない。
- 炭素と酸素が結びついてできている。結びつくときの重さの比は3：8になっている。
- **地球温暖化の原因**とされる【温室】効果ガスの1つである。
- 生物が**呼吸**するときに発生する。植物の**光合成**の材料でもある。

〈ドライアイス〉

- 二酸化炭素の固体は【ドライアイス】とよばれる。
- ドライアイスを空気中に置いておくと，液体にならずに，固体から直接気体になる（この変化を【昇華】という）。
- ドライアイスは約−78℃で，氷よりもものをぬらしにくいので，冷却剤に使われる。

ドライアイスを水に入れると出てくる煙は，水蒸気が冷えてできた水滴だよ。

問題演習

ゼッタイに押さえるべきポイント

□二酸化炭素は空気と比べて【重】い。（東邦大学付属東邦中など）

□二酸化炭素の水溶液にBTB溶液を加えると【黄】色になる。（開成中・久留米大学附設中など）

□発生した気体が二酸化炭素であることを確かめるには【石灰水】に通す。（桐蔭学園中など）

□ペットボトルに4分の1くらい水を入れて，残り4分の3を二酸化炭素で満たしたあと，ふたをしっかり閉めてペットボトルをよく振ると，ペットボトルが【へこむ】。（開成中・東京農業大学第一高等学校中等部など）

□二酸化炭素を満たした集気びんの中に火のついたろうそくを入れると，火は【消える】。（鎌倉学園中・海陽中など）

□木炭12gが完全燃焼すると，二酸化炭素が44g発生する。木炭30gが完全燃焼したとき，二酸化炭素は【110】g発生する。（頌栄女子学院中など）

□ドライアイスを室温にしばらく置くと，なくなる。これと同じ変化は，次のア～エのうち，【ウ】である。（青山学院中等部など）

ア　砂糖を水に入れたら見えなくなった。イ　火をつけたろうそくが減った。
ウ　冷凍庫の氷がなくなっていた。　エ　亜鉛を塩酸に入れたらなくなった。

入試で差がつくポイント 解説➡p155

二酸化炭素が入っているスプレー缶の重さをはかってから，図のようにして二酸化炭素をメスシリンダーに180mL集めた。その後，スプレー缶の重さをはかったら0.4g減っていた。

□①この実験の結果から求められる二酸化炭素1Lあたりの重さは何gか。四捨五入して小数第2位まで求めなさい。【2.22】g

□② ①の値は，実際の二酸化炭素の重さとは異なる。実際の二酸化炭素の重さと比べてどう異なるのか，理由とともに説明しなさい。

（逗子開成中など）

「例：二酸化炭素は水に少し溶けるので，メスシリンダーに集まった二酸化炭素の体積は，スプレー缶から出てきた二酸化炭素の体積よりも少なくなる。そのため，①の値は実際の二酸化炭素の重さより大きくなる。」

テーマ54 気体

二酸化炭素の発生実験

要点をチェック

〈二酸化炭素の発生方法〉

- 【石灰石（せっかいせき）】または大理石（主成分は炭酸カルシウム）に塩酸を加える。
  炭酸カルシウム＋塩酸→塩化カルシウム＋二酸化炭素＋水
  貝殻（かいがら）やチョークは炭酸カルシウムをふくむので，石灰石の代わりになる。
- 重曹（じゅうそう）を【加熱】 炭酸水素ナトリウム→炭酸ナトリウム＋二酸化炭素＋水
- 重曹に塩酸や酢（す），クエン酸などを加える。

〈重曹の加熱による二酸化炭素の発生〉

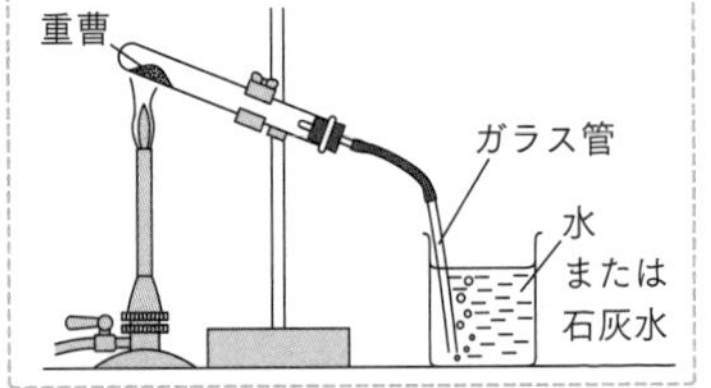

- この反応では【水】が発生する。加熱している部分に水が流れると，試験管が水で急に冷やされて割れるおそれがあるので，試験管の口は少し【下】に向ける。
- 二酸化炭素は水に少ししか溶（と）けないので，【水上（すいじょう）】置換法（ちかんほう）で集めることができる。
- 水や石灰水が【逆流】して試験管が割れるおそれがあるので，加熱をやめる前に，ガラス管を水や石灰水から出す。

〈石灰石の重さと塩酸の体積の関係・装置全体の重さの変化〉

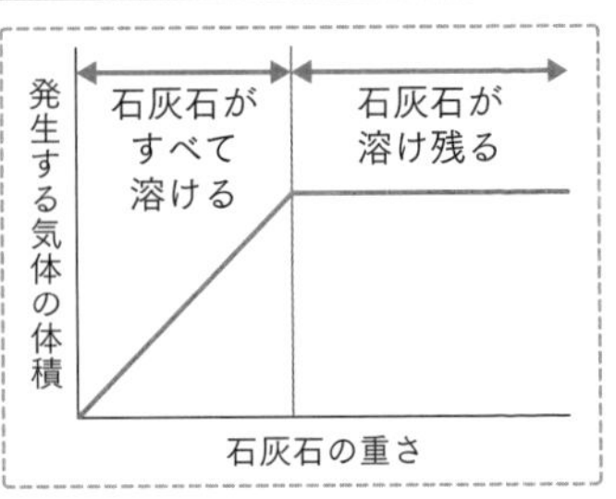

- 石灰石がすべて溶ける間は，二酸化炭素の体積が石灰石の重さに【比例】する。
- 石灰石を増やしても二酸化炭素の体積が変わらないときは，石灰石が溶け残っている。
- 塩酸が溶かすことのできる石灰石の重さは，塩酸の【濃（こ）さ】と【体積】それぞれに比例する。
- 密閉した容器で実験すると，容器全体の重さは変わらない（下図）。ふたを開けると，二酸化炭素が出ていくので，容器全体の重さは減る。

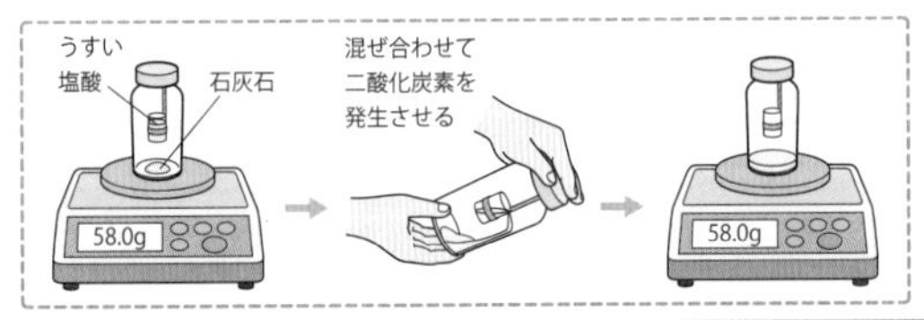

問題演習

ゼッタイに押さえるべきポイント

石灰石の重さをいろいろ変えて試験管に入れ，塩酸を10mL加えた。このとき，石灰石の重さと発生した気体の体積の関係は，表のようになった。

石灰石（g）	0.5	1.0	1.5	2.0	2.5
気体の体積（cm^3）	100	200	300	320	320

□このとき発生した気体は【二酸化炭素】である。

（帝塚山中・広島学院中など）

□石灰石が2.0gのとき，溶け残りが【0.4】gある。（栄東中など）

□石灰石3.2gに塩酸を15mL加えたとき発生する気体の体積は【480】cm^3であり，このとき，塩酸をさらに【5】mL加えると，石灰石がちょうど溶けきる。

（鎌倉女学院中・須磨学園中など）

図1のような装置で重曹を加熱したところ，二酸化炭素が発生し，石灰水が白くにごった。

図1

重曹

試験管 A

試験管 B

□試験管Aの口は，少し【下】に向けておく。

（城北中など）

□試験管Aの口についた液体は【水】である。

（芝中など）

□加熱をやめる前にガラス管を石灰水から【出す】。

□図2のような密閉容器の中で，石灰石とうすい塩酸を混ぜた。混ぜたあと，容器全体の重さは【変わらない】。

（開智中など）

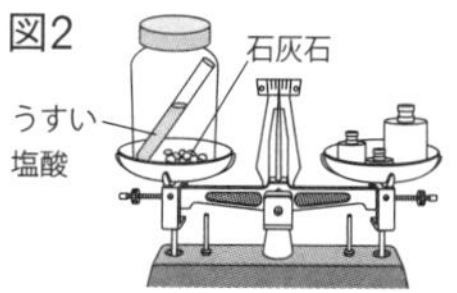

□図2で石灰石と塩酸を混ぜたあと，容器のふたを開けると，容器全体の重さは【減】る。これは発生した気体が【出ていった】ためである。

（穎明館中・広島学院中など）

入試で差がつくポイント 解説➡p155

□純粋（じゅんすい）な炭酸カルシウム1.0gと十分な量の塩酸が反応したとき，二酸化炭素が240cm^3発生する。塩酸と反応しない不純物をふくむ石灰石2.5gに十分な量の塩酸を加えたら，二酸化炭素が480cm^3発生した。この石灰石には，炭酸カルシウムが何％ふくまれているか。

（淑徳与野中・西大和学園中など）

【80】％

テーマ55 気体 水素の性質と発生実験

要点をチェック

〈水素の重要な性質・特徴〉

- 空気より【軽】い。あらゆる物質の中で最も軽い。
- 酸素があるところで火をつけると，音をたてて【燃える】(爆発する)。
- 燃えると【水】ができる。水素をふくむ物質である，ろうそくやエタノール，ガスなどが燃えたときも，水ができる。
- 気体を集めた容器の口に，火のついたマッチを近づけたとき，【音】をたてて燃えたら，その気体は水素である。このとき，容器に水滴がつくこともある。
- 水に溶け【にく】く，色やにおいは【ない】。

〈水素の発生方法・集め方〉

- 鉄や亜鉛，アルミニウムに【塩酸】を加える。
- アルミニウムに【水酸化ナトリウム】水溶液を加える。
- うすい水酸化ナトリウム水溶液に電流を流すと，－極側に発生する。(水の電気分解)
- 水素は水に溶けにくいから【水上】置換法で集めることができる。
- 水素は空気よりも軽いから【上方】置換法でも集めることができる。

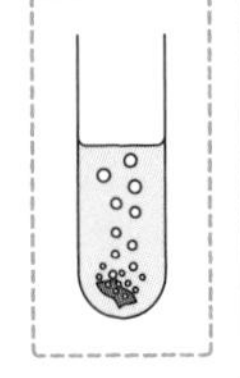

〈ふたまた試験管の使い方〉

- ふたまた試験管を使うときは，くびれが【ある】方に固体を入れて（図1），液体を固体の方に流して反応させる（図2）。逆にかたむけると，固体がくびれに引っかかって，液体だけがもどるので，反応が止まる（図3）。

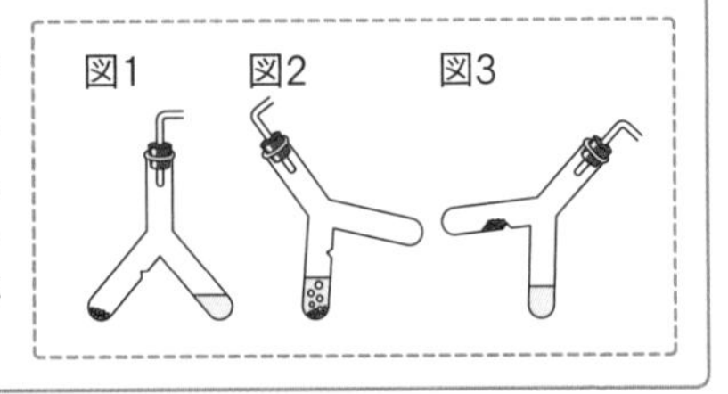

〈燃料電池〉

- 水素などの燃料と酸素の化学反応によって，電気を取り出せるようにした装置を【燃料】電池という。
- 水素を使う燃料電池の化学反応では，電気とともに【水】ができる。

燃料電池は二酸化炭素を出さない発電方法として注目されているよ。

問題演習

ゼッタイに押さえるべきポイント

□水素は【無】色で，空気より【軽】い気体である。【酸素】と混ぜ合わせてから火をつけると，激しく燃える。（慶應義塾湘南藤沢中等部など）

□水素は【燃料】電池やロケットの燃料に使われる。（逗子開成中など）

□水素は非常に軽い気体なので，かつては飛行船に使われていたが，現在はヘリウムを使っている。これは，水素が【燃えやすい】ためである。（青山学院中等部など）

□水素だけが入った集気びんに，火のついたろうそくを近づけると水素は燃え【る】が，集気びんの中にろうそくをすばやく入れると，ろうそくの火が【消え】る。（穎明館中など）

□水素を集めた試験管の口にマッチの火を近づけると，試験管の口に水滴がつく。これが水であることは，【塩化コバルト】紙が【青】色から【赤】色に変わることで確認できる。できたらスゴイ!（芝中など）

□次のうち，塩酸を加えても水素が発生しない物質は【ア】と【ウ】である。
ア　銅　　イ　鉄　　ウ　石灰石　　エ　マグネシウム
（昭和学院秀英中など）

□水素10cm^{3}と酸素5cm^{3}がちょうど反応すると水だけが残る。水素18cm^{3}と酸素10cm^{3}を反応させると，水のほかに【酸素】が【1】cm^{3}残る。
（山手学院中・早稲田大学高等学院中学部など）

□右図の器具で水素を発生させるとき，A，Bに入れるものをそれぞれ次のア～キの中から1つずつ選びなさい。
（海城中・江戸川学園取手中など）
ア　二酸化マンガン　イ　亜鉛　ウ　石灰石　エ　重曹（じゅうそう）
オ　うすい塩酸　カ　オキシドール　キ　水
A【オ】　B【イ】

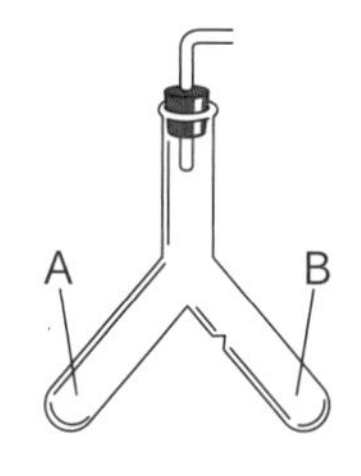

入試で差がつくポイント 解説→p155

□水素1gが完全燃焼するとき，酸素は8g必要である。水素11kgが完全燃焼するときに必要な空気は何kgか求めなさい。ただし，空気中に酸素は，重さの割合で22%ふくまれるものとする。（青山学院中等部など）
【400】kg

テーマ56 気体　気体の集め方

要点をチェック

〈気体の集め方〉

方法	【水上】置換法	【上方】置換法	【下方】置換法
装置図			
集められる気体の性質	水に溶け【にく】い	空気より【軽】い	空気より【重】い
集められる主な気体	水素，【酸素】，二酸化炭素	水素，【アンモニア】	二酸化炭素，塩素

〈気体の性質と集め方〉

- 水上置換法には，集めた気体の【体積】がわかりやすい，【空気】が混ざりにくいという利点がある。そのため，水に溶けにくい気体は，水上置換法で集める場合が多い。
- アンモニアは【上方】置換法でしか集められない。

〈発生装置〉

- 気体を集める容器は，密閉【しない】。
- 気体が出てくるガラス管は，集気びんの【中】に入れる。
- 発生させる気体の量や，反応させる物質の種類によって，ふたまた試験管や滴下ろうとなど，装置を使い分ける。

〈滴下ろうとと三角フラスコを使う場合〉

- 滴下ろうとは管が【長】い。これは，液体がはねるのを防ぐためである。また，発生した気体の出口は，液体が出て行かないように，管が【短】い。
- 最初のうちは，フラスコの中の【空気】が出てくる。

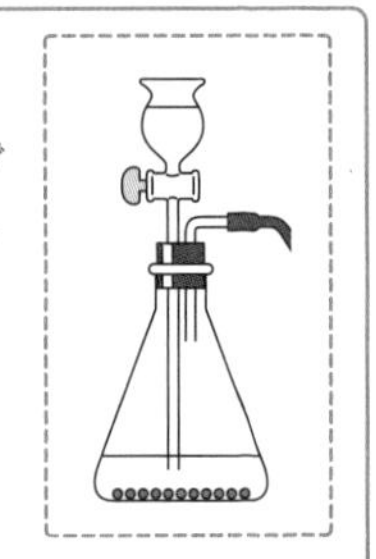

問題演習

ゼッタイに押さえるべきポイント

図1のような装置で気体を発生させて集める。

□次のア～エのうち，管aと管bの長さを表す図は，【イ】である。

（青山学院横浜英和中など）

図1

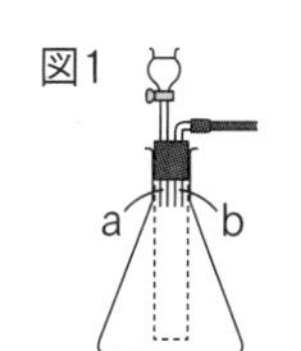

ア

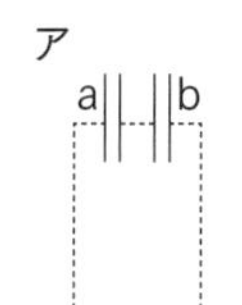

イ

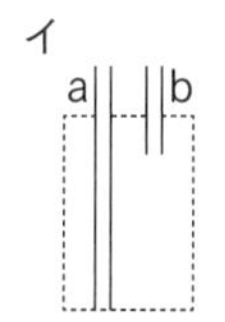

ウ

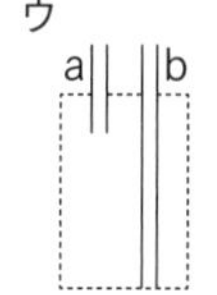

エ

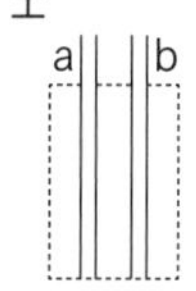

□使用する試薬の組み合わせが次の①～③のとき，適する気体の集め方をそれぞれ答えなさい。ただし，同じ語を2回使わないこと。

（江戸川学園取手中など）

①亜鉛と塩酸　②石灰石と塩酸　③二酸化マンガンと過酸化水素水

①【上方】置換法　②【下方】置換法　③【水上】置換法

□はじめに出てくる気体には，フラスコ内の【空気】がふくまれている。

（攻玉社中・広島大学附属中など）

□アンモニアは水に溶け【やす】く，空気より【軽】いので，次のア～エのうち，【イ】のようにして集める。（海城中・明治大学付属明治中など）

ア

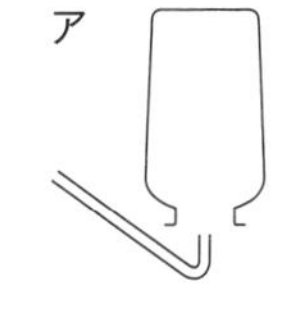

イ

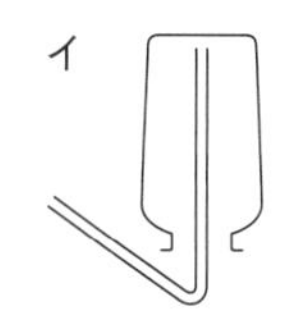

ウ

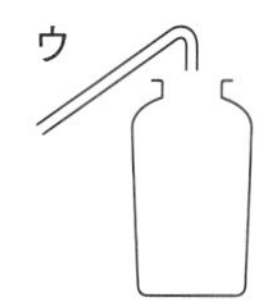

エ

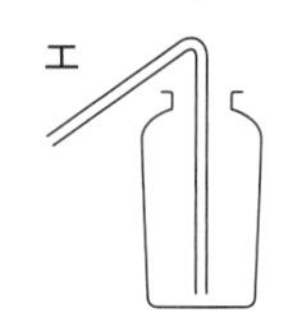

入試で差がつくポイント

解説➡p156

□図2のような装置を用いて，二酸化炭素を集める。三角フラスコとメスシリンダーを直接つないだときと比べると，どのような利点があるか，簡単に説明しなさい。（海城中・頌栄女子学院中など）

図2

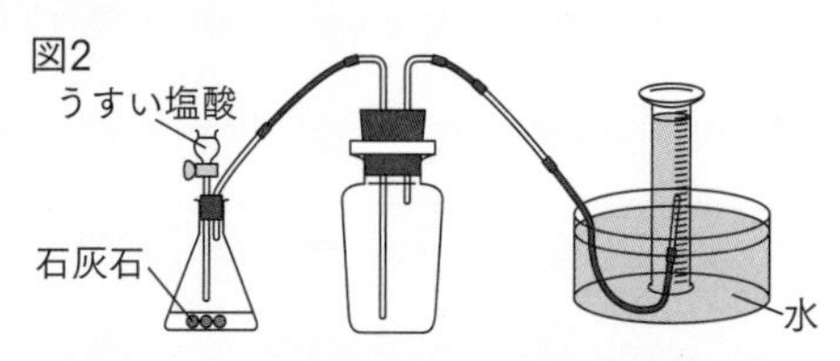

例：直接つないだときよりも，発生した二酸化炭素の体積を正確に測定できる。

テーマ57 気体　アンモニア

要点をチェック

〈アンモニアの性質〉

- 無色で，におい（刺激臭）が【ある】。
- 空気より【軽】い。
- 水にとても溶け【やす】く，水溶液は弱い【アルカリ】性になる。
- 窒素肥料の原料として使われる。

〈アンモニアの発生方法・集め方〉

- アンモニア水を加熱すると，溶けきれなくなったアンモニアが出てくる。
- 塩化アンモニウムと水酸化カルシウム（または水酸化ナトリウムなど）を混ぜて加熱すると，アンモニアが発生する（右図）。このとき水（水蒸気）も発生するので，試験管の口は下に向けておく。乾燥剤を使うこともある。

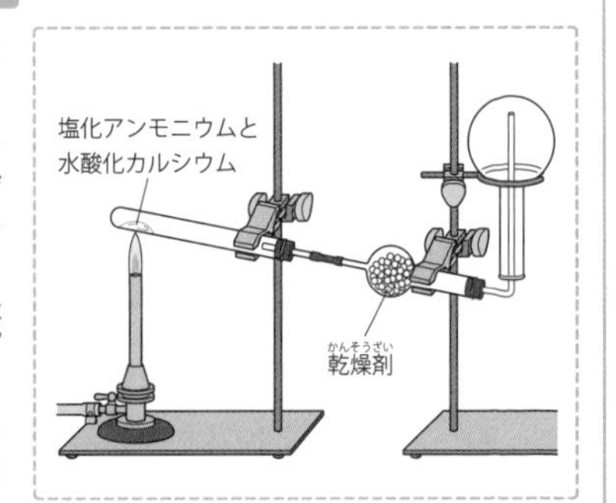

- 気体を集めた試験管に，塩酸をしみこませたろ紙を近づけて【白】い煙が生じたら，その気体はアンモニアである。
- 肥料などの工場では，窒素と水素の化学反応でつくられる。

〈アンモニアの噴水実験〉

①よく乾燥させた丸底フラスコに，アンモニアを集める。
②右図のような装置を組み立てる。
③スポイトで丸底フラスコに少しだけ水を入れると，アンモニアが水に【溶け】て，フラスコの中の圧力が【下】がり，フラスコの中に水がふき上がる。ビーカーの水にフェノールフタレイン液を入れている場合は，噴水が【赤】色になる。

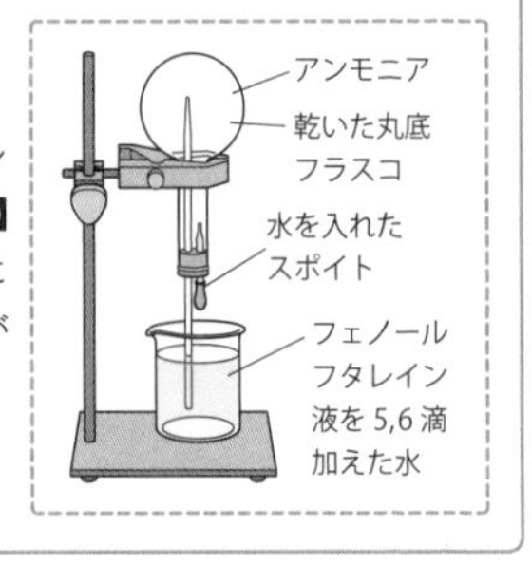

においをかぐときは，手であおぐようにするんだったね。

虫さされの薬に，アンモニアがふくまれているものがあるよ。

問題演習

ゼッタイに押さえるべきポイント

□緑色のBTB溶液（ビーティービーようえき）を加えた水にアンモニアを通すと【青】色になる。

□試験管に集めた気体のにおいをかぐときは，【手】で【あおぐ】ようにする。

（洛南高等学校附属中・成蹊中など）

図1のように装置を組み立て，スポイトの中の水を押し出すと，噴水のように水がふき出した。

図1

丸底フラスコ
アンモニア
水を入れたスポイト
ビーカー
フェノールフタレイン液を加えた中性の水

□ふき出した水はスポイトとビーカーのどちらに入っていた水か。【ビーカー】

□この現象は，アンモニアの【水に溶けやすい】という性質による。（光塩女子学院中等科など）

□ふき出る水の色は【赤】色である。

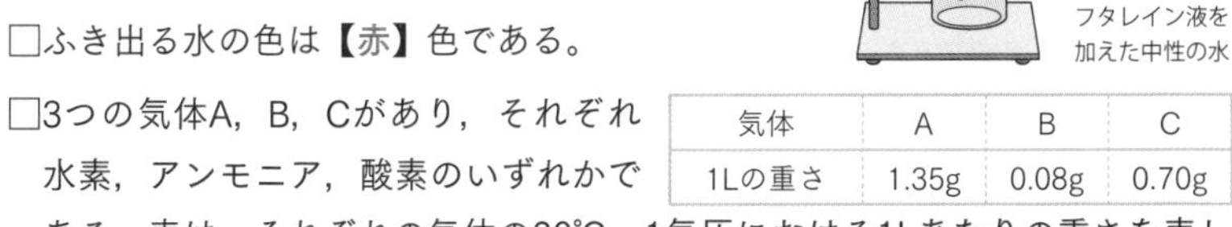

気体	A	B	C
1Lの重さ	1.35g	0.08g	0.70g

□3つの気体A，B，Cがあり，それぞれ水素，アンモニア，酸素のいずれかである。表は，それぞれの気体の20℃，1気圧における1Lあたりの重さを表している。このとき，空気の重さは1Lあたり1.2gである。それぞれの気体はA～Cのどれか。（城北中など）　水素【B】，アンモニア【C】，酸素【A】

□【窒素】と【水素】を体積比1：3で混ぜて，ある条件で反応させると，アンモニアができる。

（中央大学附属横浜中など）

入試で差がつくポイント 解説➡p156

図2のようにして，塩化アンモニウムと物質Aを混ぜたものを加熱して，アンモニアを発生させた。

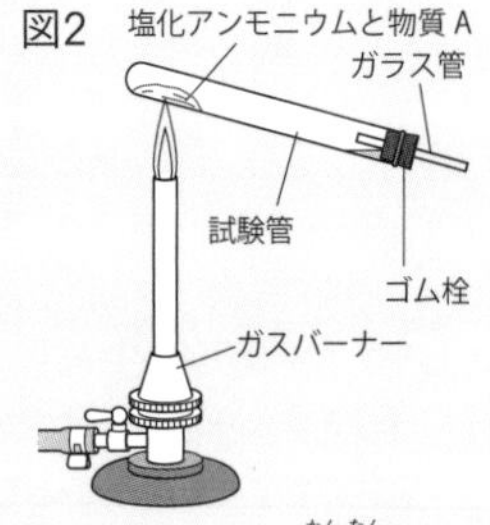

□物質Aは【水酸化】カルシウムである。

（海城中など）

□図2で，試験管の口が下を向いているのは，この反応で発生する液体（【水】）が加熱部分に流れると，試験管が割れてしまう危険があるからである。なぜ，液体が加熱部分に流れると試験管が割れるのか，簡単（かんたん）に説明しなさい。

（本郷中など）

［例：加熱部分に液体（水）がふれると，その部分が急に冷やされるから。］

テーマ58 物質　プラスチック

要点をチェック

〈プラスチック〉

- 【石油】などを原料にして，人工的に合成された物質をプラスチックという。
- 一般に，軽い，くさりにくい，さびないなどの特徴(とくちょう)がある。
- 加熱するとやわらかくなる（さらに加熱するととける）ものが多い。そのため加工しやすく，とかしてリサイクルできるなどの利点があるが，高温には弱い。
- 石油からできているので，燃やすと【二酸化炭素】が発生する。製造するときにも二酸化炭素が発生するので，地球温暖化(ちきゅうおんだんか)への対策として，プラスチックの使用量を減らす取り組みが進められている。
- くさりにくいので，捨てられたプラスチックごみが長く残るという問題もある。微生物(びせいぶつ)が分解できる生分解性プラスチックを使った製品が実用化されている。

〈主なプラスチックの名前と性質・使い道〉

名前	性質	使い道	水に浮(う)くか
ポリエチレン	酸性やアルカリ性の水溶液と反応しない	【レジ袋(ぶくろ)】など	浮く
PET*1	圧力に強い	【ペット】ボトル	沈(しず)む
ポリプロピレン	熱に強い	ペットボトルのふた	浮く
ポリスチレン	かたい	DVDケース	沈む
発泡(はっぽう)ポリスチレン*2	【断熱】性，【保温】性が高い	食品トレイ 緩衝材(かんしょうざい)*3	浮く
ポリ塩化ビニル	燃えにくい	消しゴム	沈む

＊1　PETはポリエチレンテレフタラートの略称
＊2　発泡ポリスチレンは，ポリスチレンを加工したもの
＊3　衝撃(しょうげき)からものを守るための，クッションのような役割をするもの

〈プラスチックの区別〉

- プラスチックは種類ごとに回収すると，リサイクルのときに都合がよい。
- 固体の物質を区別するときは，密度の違いを利用するとよい。プラスチックは水に溶けないものが多いので，水や水溶液に対する浮き沈みで区別することができる。

ごみの減量には，
リデュース（出す量を減らす）
リユース（再使用する）
リサイクル（再利用する）という
3Rという考え方があるよ。

問題演習

ゼッタイに押さえるべきポイント

□プラスチックの原料は【石油】である。　(海陽中・慶應義塾普通部など)

表は，プラスチックの密度（1cm^{3}あたりの重さ）の，およその値を表している。

名前	密度（g/cm^3）
ポリエチレン	0.96
ポリエチレンテレフタラート	1.32
ポリスチレン	1.05
ポリプロピレン	0.90

□ペットボトルをリサイクルするときに，本体とふたを分けるために，細かくくだいたあと，【水】への浮き沈みを調べる。このとき，本体とふたのうち，沈むのは【本体】である。　(早稲田中など)

□ポリスチレンを加工して，発泡ポリスチレンにしたところ，体積が50倍になった。この発泡ポリスチレンの密度を，上の表の値を使って小数第3位まで求めると，【0.021】g/cm^{3}となる。　(晃華学園中など)

□発泡ポリスチレンは多量に空気をふくむので，【断熱】性にすぐれている。その性質を利用して，魚などを輸送するための箱に使われることもある。　(渋谷教育学園幕張中など)

□プラスチックを燃やすと，温室効果ガスの【二酸化炭素】が発生する。プラスチックを回収して【リサイクル】することで，この気体の排出量を減らすことができる。　(鷗友学園女子中など)

入試で差がつくポイント 解説→p156

□あるペットボトルのキャップは，直径3.0cm，高さ1.5cmの円柱型をしていて，重さは2.35gであった。このキャップには，右図のように空間がある。この空間の体積を8cm^{3}として，このキャップの密度を小数第2位まで求め，このキャップの材料となっているプラスチックを上の表から選びなさい。ただし，円周率は3.14として計算すること。　(渋谷教育学園幕張中など)

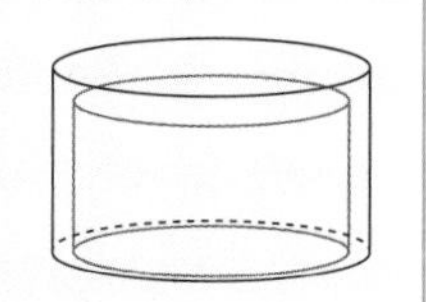

密度【0.90】g/cm^3　材料【ポリプロピレン】

テーマ59 溶解　ものの溶け方①

要点をチェック

〈「ものが水に溶ける」ということ〉

- ものが水と混ざり合い，目に見えないほど細かい粒になって水中に散らばることを「溶ける」といい，ものが水に溶けた液体を【水溶液】という。

〈水溶液の特徴〉

- 時間がたつと，どの部分も【濃さ】が同じになる（右図）。
- 【透明】である（にごっていない）。
- 溶けているものによっては，**色**がついていることもある。
- 水溶液の重さは，水の重さに溶かしたものの重さを【加えた】重さになる。

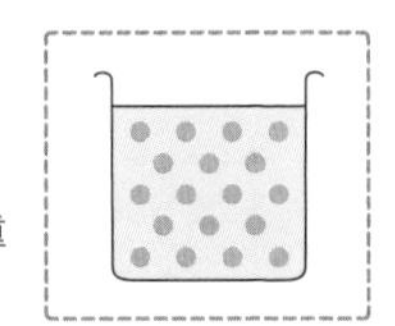

〈水への溶け方のちがい〉

- ふつう，決まった量の水に溶かすことができるものの重さには限度がある。この限度量を**溶解度**といい，固体を水に溶かす場合，通常は，**100gの水に溶かすことができる最大の重さ**で表す。
- 限度量いっぱいまでとけた水溶液を【飽和】水溶液という。
- ほとんどの固体は水の温度が高いほど，溶かすことができる重さが【増え】る。
- 【水酸化カルシウム】は，水の温度が高いほど，溶かすことができる重さが減る。
- 水温と溶解度の関係は，右のようなグラフ（**溶解度曲線**）で表すことがある。
- **気体**は，水の温度が低いほど，溶かすことができる重さが【増え】る。また圧力を高くするほど，溶かすことができる重さが【増え】る。

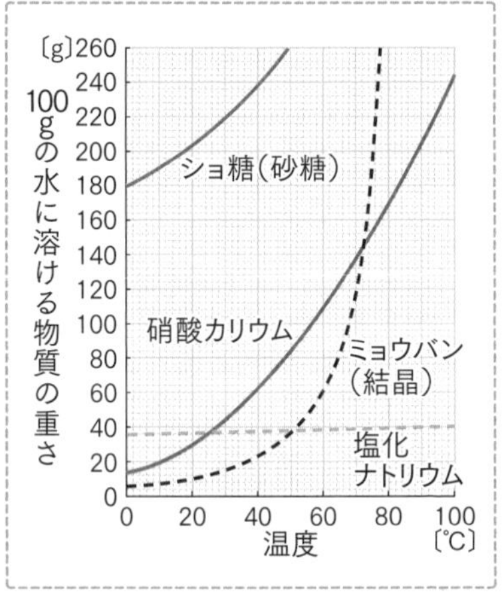

水酸化ナトリウムのように，水に溶けるとき熱を出すものもあるよ。

炭酸飲料は高い圧力で二酸化炭素をたくさん溶かしているんだね。

問題演習

ゼッタイに押さえるべきポイント

□次のア～エのうち，水溶液ができたといえるものを1つ選びなさい。

（横浜共立学園中など）

ア　氷を水に入れたら，氷が溶けてなくなった。

イ　コーヒーシュガーを水に入れたら茶色の透明な液になった。

ウ　みそを湯に入れたら，みそが溶けた。

エ　かたくり粉に水を加えて混ぜたら，白くにごった液になった。　【イ】

□「溶かす」という言葉を，A「うすい塩酸に鉄を溶かす」，B「水に食塩を溶かす」の2つの意味で分けるとき，「石灰水に二酸化炭素を溶かす」は【A】，「うすい食塩水に砂糖（さとう）を溶かす」は【B】である。（筑波大学付属駒場中など）

□水100gに砂糖50gを加えてかきまぜると，すべて溶けた。このとき，水溶液の重さが【150】gであることから，砂糖が「なくなった」のではなく「見えなくなった」ということがわかる。

（渋谷教育学園渋谷中・学習院女子中等科など）

□物質を溶かせるだけ水に溶かした水溶液を【飽和】水溶液という。

□次のア～エのうち，水温が上がると水に溶ける量が減るものを1つ選びなさい。

（鎌倉女学院中など）

ア　食塩　　イ　硝酸カリウム　　ウ　ホウ酸　　エ　水酸化カルシウム

【エ】

入試で差がつくポイント　解説➡p156

炭酸水をつくる機械では，専用の容器に水を入れて，ボンベから二酸化炭素を勢いよく噴射（ふんしゃ）させて，容器内を二酸化炭素で満たしてつくる。表は，容器内の圧力と水温を変えたとき，水1Lに二酸化炭素が溶ける最大の重さを表したものである。

	1気圧	2気圧	4気圧
20℃	1.7g	3.4g	6.8g
60℃	0.70g	1.4g	2.8g

□60℃の水4Lに二酸化炭素を噴射させて，容器内の圧力を2気圧にすると，二酸化炭素は【5.6】gまで溶ける。二酸化炭素を溶かせるだけ溶かしたあと，この水溶液を20℃に冷やし，さらに二酸化炭素を噴射させて圧力を4気圧にすると，さらに【21.6】gの二酸化炭素が溶ける。（海城中など）

テーマ60 溶解 ものの溶け方②

要点をチェック

〈水の量と，溶かすことができるものの重さ〉

• 水の量が多いほど，溶かすことができるものの重さは【増え】る。溶解度曲線や，溶解度の表は，ふつう，**水100g**に溶ける重さを表す。

例…水の温度と，水100gに溶ける重さの関係が右の表のとき，20℃の水50gに食塩は【18】g，40℃の水300gにホウ酸は【27】g溶ける。

温度（℃）	20	40
食塩（g）	36	36
ホウ酸（g）	5	9

〈上皿てんびん〉

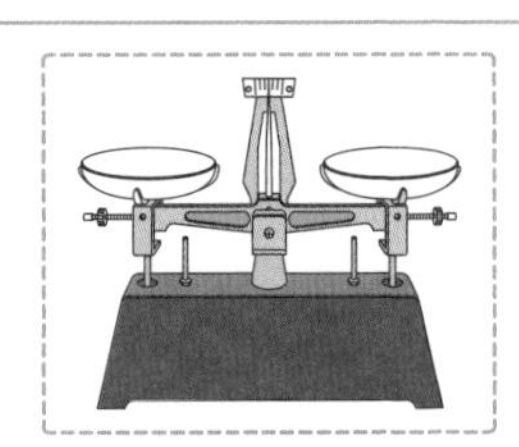

①水平なところに置く。

②左右のうでに皿をのせて，つり合いを確かめる。

つり合っていないときは，**調整ねじ**を回す。

• 針のふれが【左右で同じ】とき，つり合っている。

• 片づけるときは，【片方】のうでに皿を重ねる。

• 分銅はピンセットで持つ。手でさわると，さびて重さが変わってしまう。

〈上皿てんびんで，ものの重さをはかる〉

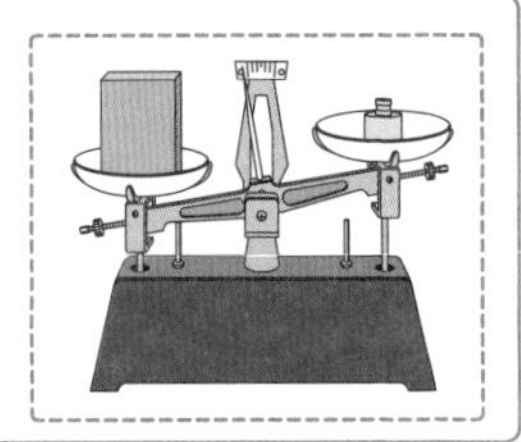

①右ききの人の場合，ものを【左】の皿にのせる。

②【重】い分銅から先に，【右】の皿にのせる。

③分銅が重すぎたときは，軽い分銅に変える。

④つり合ったときの分銅の重さの合計がものの重さになる。

〈上皿てんびんで，決まった重さの薬品をはかり取る〉

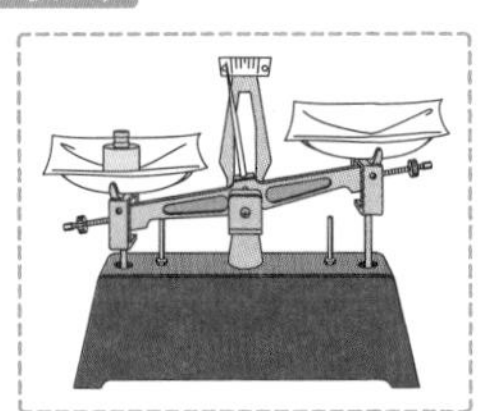

①右ききの人の場合，分銅を【左】の皿にのせる。

薬包紙は【両方】の皿にのせる。

②【右】の皿に薬品を少しずつのせる。

③つり合ったところでのせるのをやめる。

④のせ過ぎた場合，薬品を少し減らす。

減らした薬品は，びんにもどさない。

重さが変わる方をきき手側，重さが変わらない方をきき手と反対側にするんだね。

問題演習

ゼッタイに押さえるべきポイント

□同じ温度において，硝酸カリウムが水に溶ける量は水の量に【比例】する。
（桐光学園中・開成中など）

硝酸カリウムの溶解度は，20℃で32g，40℃で64g，80℃で170gである。

□40℃，25％の硝酸カリウム水溶液100gには，硝酸カリウムがあと【23】g溶ける。
（世田谷学園中・岡山白陵中など）

□40℃の硝酸カリウムの飽和水溶液328gから水を50g蒸発させたのち，20℃まで冷やすと，硝酸カリウムは【80】g出てくる。
（学習院女子中等科・逗子開成中など）

□分銅を手でさわると，さびて【重】くなるので，ピンセットを使う。
（芝中など）

□上皿てんびんに分銅をのせるときは，【重】い順にのせて，【軽】い順におろす。
（穎明館中など）

□右ききの人が上皿てんびんで薬品を10gはかり取るとき，分銅を【左】の皿に，薬品を【右】の皿にのせる。
（世田谷学園中など）

□右ききの人が上皿てんびんでものの重さをはかるとき，正しいものを次のア～ウの中から1つ選びなさい。
（穎明館中など）

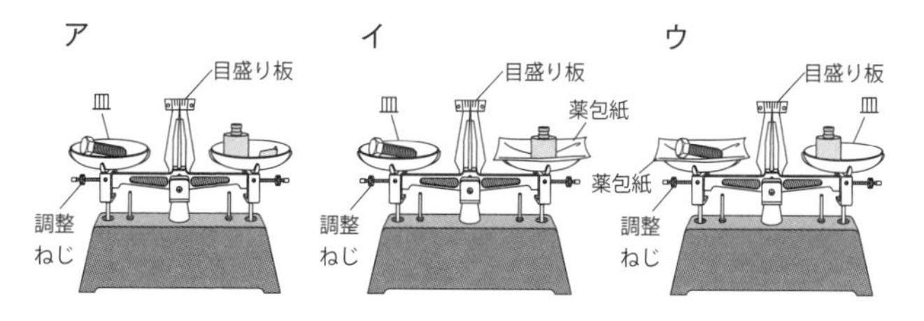

【ア】

入試で差がつくポイント 解説→p156

□右の表は，食塩とホウ酸の，100gの水に対する溶解度を表したものである。ホウ酸7gと食塩25gの混合物を，20℃の水80gに入れると，溶け残りが出てきた。この溶け残りは次のア～ウのうち【ア】で，その重さは【3】gである。ただし，食塩とホウ酸は，たがいの溶け方に影響しないものとする。
（白百合学園中・専修大学松戸中など）

温度（℃）	20	40
食塩（g）	36	36
ホウ酸（g）	5	9

ア　ホウ酸のみ　　イ　食塩のみ　　ウ　食塩とホウ酸の混合物

テーマ61 溶解
取り出し方・ろ過の方法

要点をチェック

〈水溶液に溶けている固体を取り出す方法①〉

- 水溶液を加熱すると，水が【蒸発】して，溶けていた固体が残る。
- 【食塩】など，温度によって溶ける量があまり変わらないものに適する。
- 水に溶けていた固体が2種類以上ある場合，混ざったまま出てくる。

〈水溶液に溶けている固体を取り出す方法②〉

- 水溶液を冷やすと，溶けきれなくなった分が【結晶】として出てくる。出てきたものを【ろ過】して取り出す。
- 水溶液をゆっくり冷やすと，**大きな結晶**ができる。
- 結晶が出たあとの上ずみ液は，**飽和水溶液**である。
- 食塩のように，温度によって溶ける量があまり変わらないものには適さない。

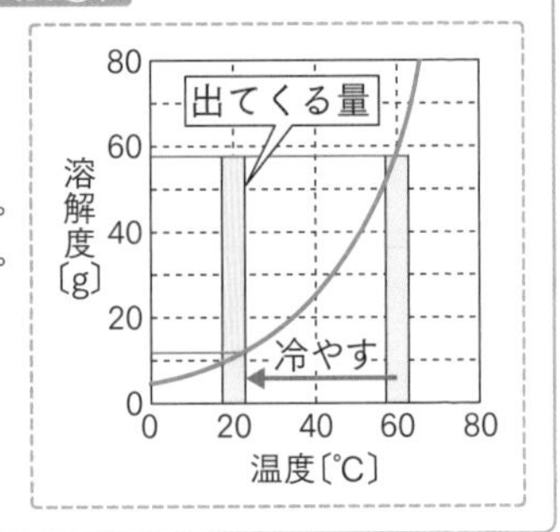

〈ろ過の方法〉

- ろ紙は**水でしめらせる**。
- ろうとに液体を注ぐときは,【ガラス棒】を伝わらせて，静かに注ぐ。
- ガラス棒はろ紙の【重なった】部分につける。
- ろうとの足の，**先のとがった方を**ビーカーの内側のかべにつける。

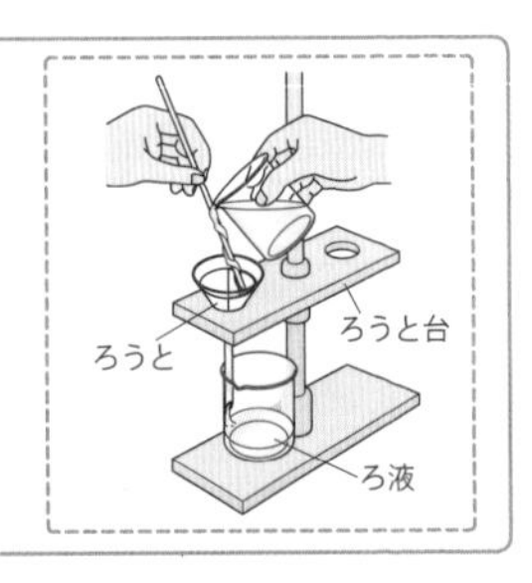

〈結晶〉

- 取り出した固体は，粒の形がそろった【結晶】になっている。
- 結晶は物質ごとに形が決まっているので，結晶の形を手掛かりにして物質を区別できる。

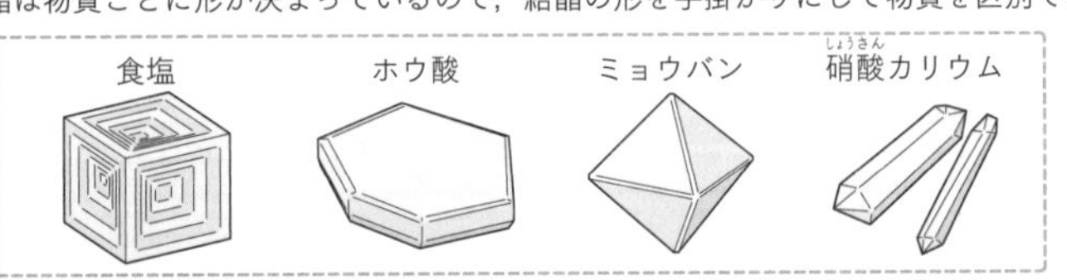

問題演習

ゼッタイに押さえるべきポイント

□ろ過の操作として正しい図を，次のア〜エの中から1つ選びなさい。
（青山学院横浜英和中など）

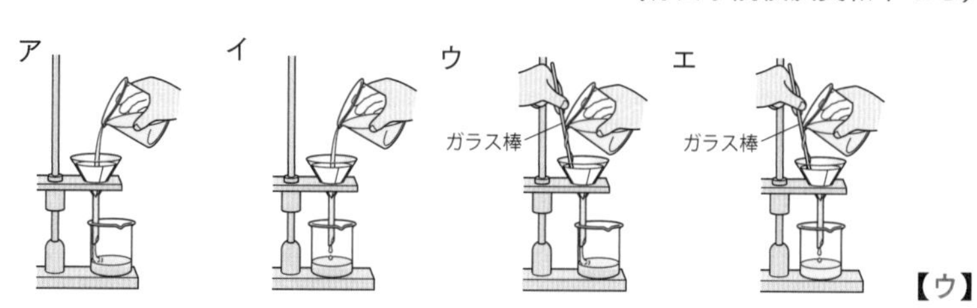

【ウ】

□右のA〜Cは，ミョウバン・食塩・硝酸（しょうさん）カリウムのいずれかの結晶を表したものである。それぞれどれに当てはまるか答えなさい。

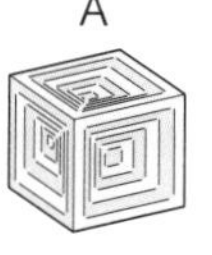

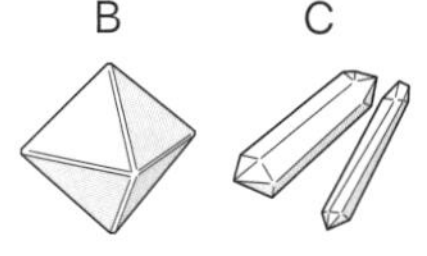

ミョウバン【B】，食塩【A】，硝酸カリウム【C】　（筑波大学附属中など）

□不純物（ふじゅんぶつ）として少量の食塩が混ざった硝酸カリウムがある。ここから純粋（じゅんすい）な硝酸カリウムをできるだけ多く取り出すには，この混合物を，できるだけ温度が【高】く，なるべく【少ない】量の水に溶かすとよい。　（灘中など）

入試で差がつくポイント 解説➡p156

□20℃の水100gに，ホウ酸15gを加えてよく混ぜて，溶け残ったホウ酸をろ過して除いた。ろ紙を広げるとどうなっているか。次のア〜オの中から1つ選びなさい。ただし，色がついた部分にホウ酸がついているものとする。
（田園調布学園中等部・南山中女子部など）【ウ】

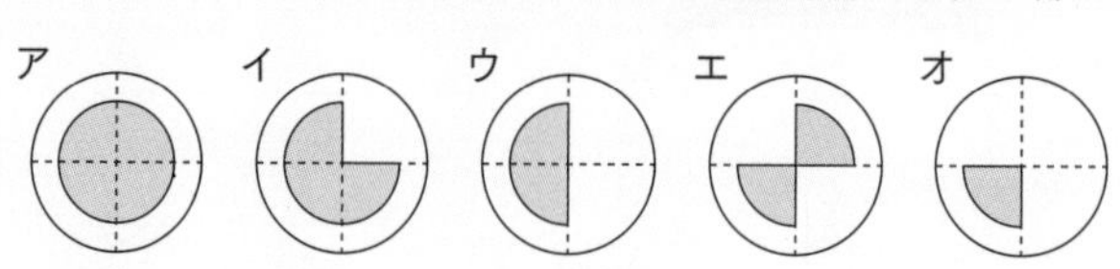

□ミョウバンの，100gの水に対する溶解度（ようかいど）は，右の表のようになっている。40℃のミョウバンの飽和水溶液200gから，水50gを蒸発させた後，20℃に冷やすと，ミョウバンの固体は何g出てくるか。小数第二位を四捨五入して答えなさい。　（明治大学付属明治中など）【25.7】g

20℃	40℃	60℃
11.4g	23.8g	57.4g

テーマ62 溶解　濃さの計算

要点をチェック

〈水溶液の濃さ〉

- 水溶液の濃さは，【%】を使って表す。次の式を使って求める。
  濃さ（%）＝溶かしたものの重さ÷水溶液全体の重さ×100
  または，
  濃さ（%）＝溶かしたものの重さ÷（水の重さ＋溶かしたものの重さ）×100
  例：75gの水に25gの砂糖を溶かした砂糖水の濃さは【25】%
  　　100gの水に25gの砂糖を溶かした砂糖水の濃さは【20】%

〈濃さを比べる〉

- 同じものを溶かした水溶液で，どちらが濃い（うすい）かを比べるときは，濃さを計算して大小を比べる以外にも方法がある。
  - 水の重さが同じ場合…溶かしたものの重さが【大き】い方が濃い
  - 溶かしたものの重さが同じ場合…水が【少な】い方が濃い
  - 水溶液の体積が同じ場合
    …さらに溶かすことのできる重さが【小さ】い方が濃い
    （溶かすものをさらに加えていって，【先】に溶け残りが出るほうが濃い）
    …濃い水溶液の方が【重】くなる（図1）
    …濃い水溶液の方が【浮力】が大きくなる（図2）

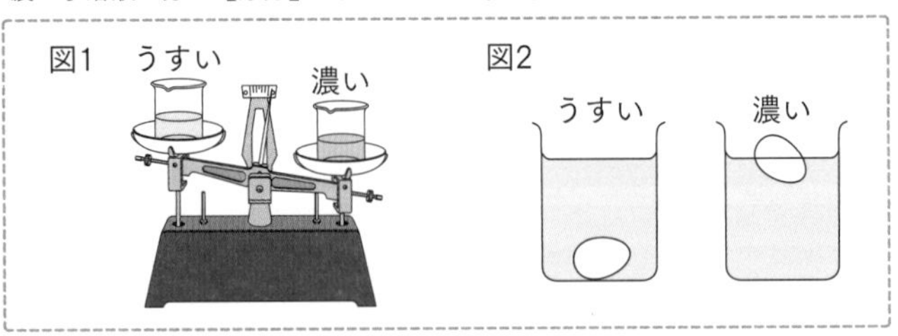

〈飽和水溶液の濃さ〉

- 飽和水溶液とわかっている場合は，**その温度における溶解度**の値から濃さを計算できる。
  例：20℃の水100gに食塩が35.8g溶けるとすると，20℃の飽和食塩水の濃さは，水溶液が何gあっても，
  35.8÷（100＋35.8）×100＝26.3…
  より，約26%になる。

例えば，冷やして結晶が出てきた水溶液は，飽和水溶液だよ。

問題演習

ゼッタイに押さえるべきポイント

□食塩10gに水を加えて200gにした。この食塩水の濃さは【5】%である。
（白百合学園中・ノートルダム清心中など）

□硝酸(しょうさん)カリウムは15℃の水100gに25gまで溶ける。15℃の硝酸カリウム飽和水溶液の濃さは【20】%である。（開成中・専修大学松戸中など）

□20%の食塩水150gと，5%の食塩水100gを混ぜると，【14】%の食塩水ができる。（昭和学院秀英中など）

□食塩は60℃の水100gに37.3gまで溶ける。60℃の飽和食塩水の濃さを小数第一位まで求めると【27.2】%である。（明治大学付属明治中・東海中など）

□36%の塩酸を水でうすめて22%の塩酸を180gつくるとき，36%の塩酸を【110】g使う。（世田谷学園中・浅野中など）

□ビーカーAには15%の食塩水が，ビーカーBには10%の食塩水が，それぞれ200mLずつ入っている。両方のビーカーに同じ重さずつ食塩を加えていった場合，先に溶け残りが出てくるのは【A】である。（穎明館中など）

□濃さのちがう食塩水を入れたビーカーC，Dがある。それぞれに同じ卵を順に入れたら，右図のようになった。このとき，ビーカー【C】に入れた食塩水の方が濃い。
（江戸川学園取手中など）

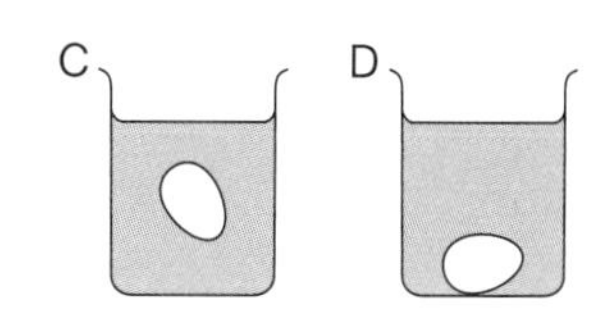

□10%の食塩水100gと，20%の食塩水100gでは，【20】%の食塩水の方が，体積が小さい。（市川中など）

入試で差がつくポイント 解説➡p156

□濃度90%の硫酸(りゅうさん)200gと濃度20%の硫酸300gを混ぜたのち，水100gを蒸発させた。この硫酸の濃度は【60】%である。（逗子開成中など）

□ある物質Xの，水100gに溶ける最大の重さは表のようになっている。この物質Xを80℃の水50gに溶けるだけ溶かしたあと，水溶液を40℃に冷やして，出てきた結晶をろ過して除いた。ろ過した後の液体を10℃に冷やしたとき出てくる結晶は【4】gであり，このとき，上(うわ)ずみの水溶液の濃さは，小数第一位まで求めると【3.8】%である。
（攻玉社中など）

温度	10	40	80
溶ける重さ（g）	4	12	70

テーマ63 燃焼　ものの燃え方

要点をチェック

〈燃焼が起こるために必要な，3つの条件〉

①【燃えるもの】がある。
②空気（【酸素】）がある。
　酸素が十分にあるときは【完全】燃焼をする。
　酸素が少ないと，燃えないか，【不完全】燃焼をする。
③十分高い【温度】である（ひとりでに火がついて燃える温度を**発火点**，火を近づけると燃える温度を引火点といい，それらより高い）。

- 火を消すときには，①～③のどれかをなくせばよい。
  例：アルコールランプの火を消す→ふたをして【空気】をさえぎる。
  　　たき火に水をかける→【温度】を下げる，【空気】をさえぎる。

〈ガスバーナーの使い方〉

①2つのねじが閉まっていることを確かめる。
②元栓を開いてから，コックを開く
③マッチに火をつけてからガス調節ねじを開き，
　斜め下からマッチの火を近づけて点火する。
④ガス調節ねじを回して，炎の大きさを調整する。
⑤ガス調節ねじをおさえながら空気調節ねじを開き，
　【青】色の炎にする。

- どちらのねじも，【A】の方に回すと開き，【B】の方に回すと閉じる。

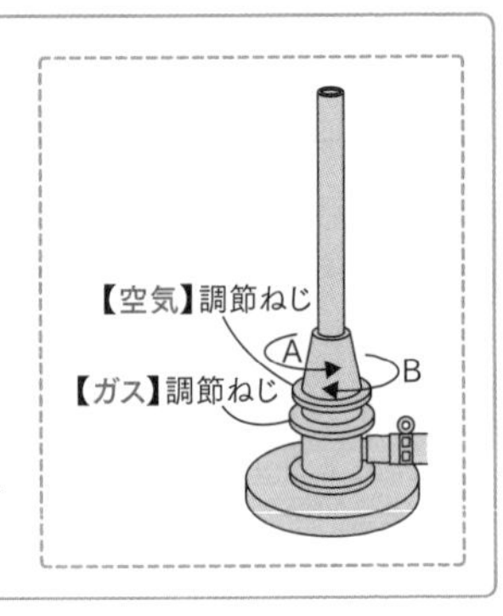

〈気体の燃焼〉

- 燃料として使われているガスには，**メタン**，**プロパン**，ブタンなどがある。いずれも完全燃焼すると【二酸化炭素】と【水（水蒸気）】ができる。
- メタンは**都市ガス**の主成分である。
- 気体が完全燃焼するとき，気体の体積と酸素の体積には決まった関係がある。
  例：水素が完全燃焼するとき，水素と酸素の体積の比は**2：1**。
  　　メタンが完全燃焼するとき，メタンと酸素の体積の比は**1：2**。
- 氷の中にメタンが閉じ込められたものを【メタンハイドレート】という。

メタンにはにおいが無いけれど，都市ガスはガスもれに気づくように，においをつけているんだよ。

問題演習

ゼッタイに押さえるべきポイント

□燃焼が起こる条件は，【空気（酸素）】と高い【温度】と【燃えるもの】の3つがそろっていることである。（頌栄女子学院中・鎌倉学園中など）

□消火器には，水が入っていることがある。この水には，【空気（酸素）】をさえぎる役割と【温度】を下げる役割がある。（東洋英和女学院中学部など）

□水の入った皿にろうそくを立てて火をつけた。このろうそくに，透明(とうめい)なガラスのコップを，図1のように静かにかぶせた。しばらくすると，ろうそくの火が消えた。このとき，コップの中の水面はどうなっているか。次のア～ウの中から1つ選びなさい。（本郷中・西大和学園中など）

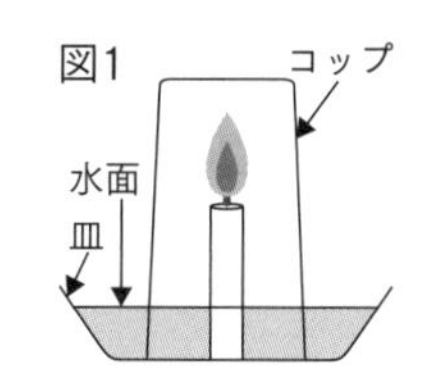

ア　上がる　　イ　下がる　　ウ　変わらない　【ア】

□図2のガスバーナーに火をつけるとき，開ける順序が正しくなるように，次のア～エを並べかえなさい。（東洋英和女学院中学部など）

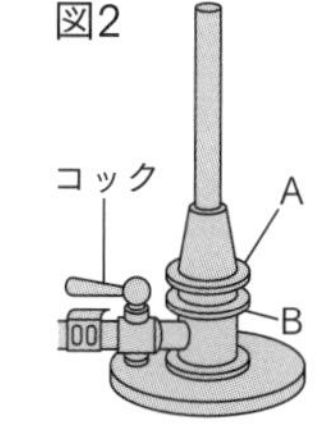

ア　コック　　イ　元栓　　ウ　ねじA　　エ　ねじB

【イ】→【ア】→【エ】→【ウ】

□ガスバーナーの炎が赤い色のときは，図2の【A】のねじだけを開く。（早稲田高等学院中学部など）

□ガスバーナーの炎の上に乾(かわ)いたビーカーを近づけると，ビーカーがくもる。これは，ガスが燃えてできた【水蒸気】が冷やされたものである。（立教池袋中・開成中など）

□メタンをふくむ氷を【メタンハイドレート】という。（早稲田実業学校中等部など）

入試で差がつくポイント 解説➡p157

□飛行機のタイヤの中には，空気ではなく，窒素(ちっそ)だけが入っている。空気が入っていると，窒素だけが入っているときと比べて，どのような問題があると考えられるか。簡単(かんたん)に説明しなさい。（東京学芸大学附属世田谷中など）

例：空気は酸素をふくむので，飛行機の着陸（離陸）時に生じる摩擦熱(まさつねつ)で，タイヤに引火するおそれがある。

テーマ64 燃焼　ろうそくの燃え方

要点をチェック

〈ろうそくの炎のようす〉

① 【外炎】…ろうが【完全】燃焼している。
　ほとんど見えない。
　温度がもっとも【高】い。
② 【内炎】…ろうが【不完全】燃焼している。
　赤っぽい色をしている。
　ガラス棒などを入れると【すす】がつく。
③ 【炎心】…ろうが蒸発している部分。

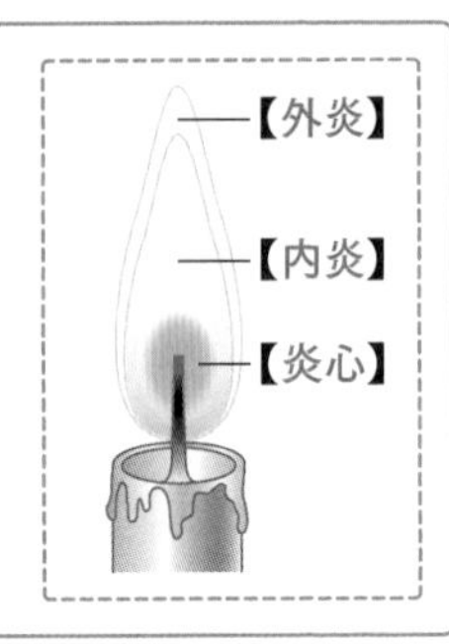

〈ろうそくが燃えるしくみ〉

- 炎の熱でとけた液体のろうが芯を伝わって，のぼる。
- さらに熱せられて蒸発した気体のろうが燃える。

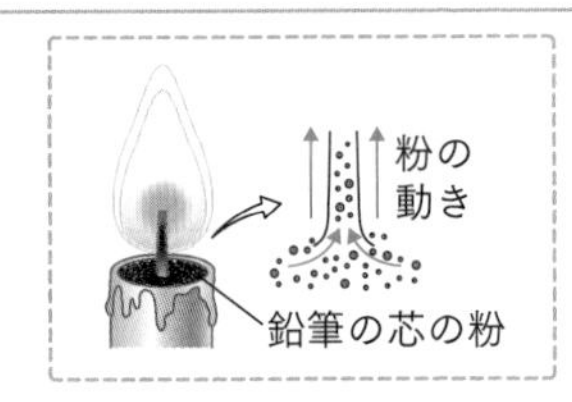

〈つつの中のろうそくの燃え方〉

- つつが密閉されている場合，新しい【空気】が入らないので，火はすぐに消える（下の図①）。
- つつが密閉されていない場合，開いているところから空気が出入りするので，燃え続ける（下の図②）。
- 開いている部分の広さや位置によっては，火が消える場合もある。下の図③の場合，新しい空気がほとんど入ってこないので火は消える。
- 空気の入口と出口が分かれていると，長く燃える（下の図④）。
- 燃えた後の空気は温められているので【上】向きに移動する。

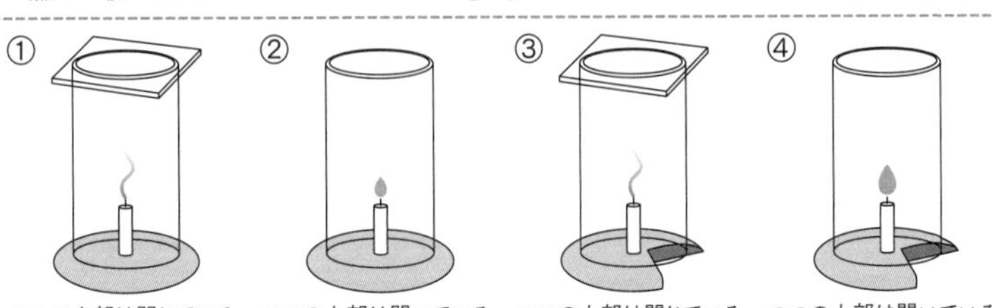

① つつの上部は閉じている。底も閉じている。
② つつの上部は開いている。底は閉じている。
③ つつの上部は閉じている。底の一部は開いている。
④ つつの上部は開いている。底の一部も開いている。

- 線香の煙などで，空気の流れを見ることができる。

問題演習

ゼッタイに押さえるべきポイント

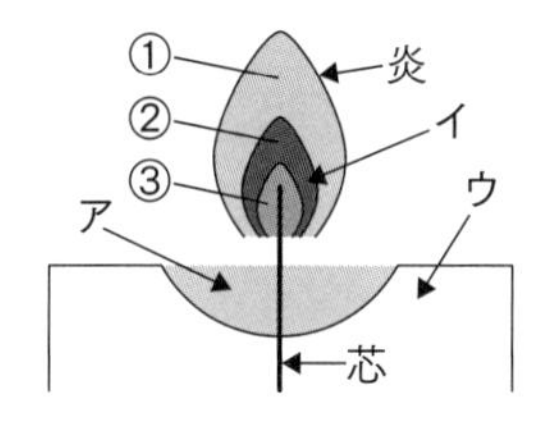

右図は燃えているろうそくの断面図である。

□ろうの状態は，アが【液】体，イが【気】体，ウが【固】体である。（栄光学園中など）

□図の①～③のうち，温度が最も高いのは【①】の部分で，【外炎】とよばれる。（大妻中など）

□②の部分が明るいのは【すす（炭素）】が熱せられて輝くからである。（慶應義塾中等部など）

□次のア～エのうち，それぞれを芯にしてろうそくをつくったとき，ろうそくが燃え続けるものは【イ】である。（中央大学附属中など）
ア　ガラス棒　　イ　ろ紙　　ウ　針金　　エ　シャープペンシルの芯

□次のA～Dのそれぞれの方法でろうそくを燃やした。勢いよく燃え続けたのは【A】，勢いは弱まったが燃え続けたのは【B】，火が消えたのはCと【D】である。（筑波大附属駒場中など）

A
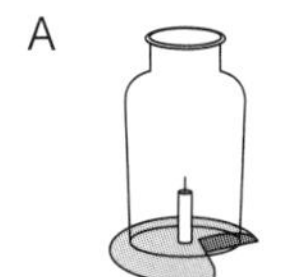
びんの口は開いている。
底の一部も開いている。

B
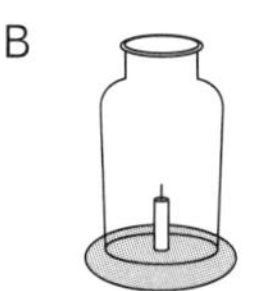
びんの口は開いている。
底は閉じている。

C
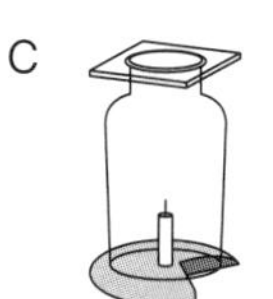
びんの口は閉じている。
底の一部は開いている。

D
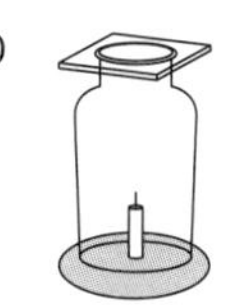
びんの口は閉じている。
底も閉じている。

入試で差がつくポイント 解説➡p157

□右図のように，火のついたろうそくの芯の根元を，金属製のピンセットで強くつまんだところ，火が小さくなっていき，最後には火が消えた。この理由を簡単(かんたん)に説明しなさい。（本郷中・南山中女子部など）

［ 例：液体のろうが芯を伝わらなくなり，気体にならなくなったから。 ］

□空気の成分を地球とほぼ同じにした宇宙ステーションの中で，ろうそくに火をつけると，ろうそくの炎はどのような形になるか。（洗足学園中など）

【球（半球）】形

テーマ65 燃焼 金属の燃焼

要点をチェック

〈金属の燃焼と酸化物〉

- 鉄やマグネシウムなどは，空気中で強く加熱すると【酸素】と結びつく（酸化）。できたものを**酸化物**といい，元の金属の性質を【もたない】。
- マグネシウムは，空気中で火をつけると強い【光】を出して燃える。燃えたあとは【白】色の物質（**酸化マグネシウム**）になる。
- 鉄や銅は空気中で加熱すると，炎を上げずに酸化する。いずれの場合も【黒】色の物質（酸化鉄，酸化銅）になる。
- **使い捨てカイロ**は，鉄をおだやかに酸化させて，適度な熱が長時間にわたって出るようにしたものである。

〈金属と，金属の酸化物の重さの関係〉

- 酸化物の重さは，
  （金属の重さ）＋（結びついた酸素の重さ）
  で表せる。燃やす前より【重】くなる。
- 金属と酸素は，結びつくときの重さの割合が決まっているので，金属と酸化物の重さの割合も一定になる。例えば，銅と酸化銅の重さの比は【4】:【5】，マグネシウムと酸化マグネシウムの重さの比は【3】:【5】となる。

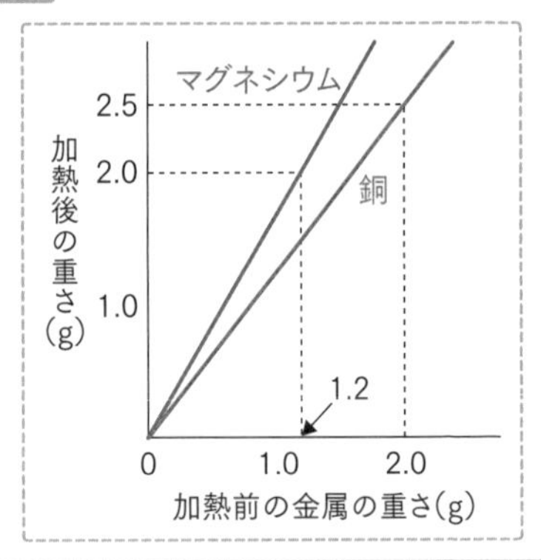

〈金属の酸化物から酸素を取り除く〉

- 金属よりも酸素と強く結びつくものを加えて加熱すると，金属の酸化物から酸素を取り除くことができる（**還元**という）。
- 右図のように酸化銅を炭素とともに加熱すると，固体の【銅】と気体の【二酸化炭素】ができる。→酸化銅が酸素を取られた。
- 炭素が十分な量あるとき，酸化銅と銅の重さの比は【5】:【4】になっている。
- 炭素のかわりに水素を使うこともできる。この場合できる気体は水蒸気。

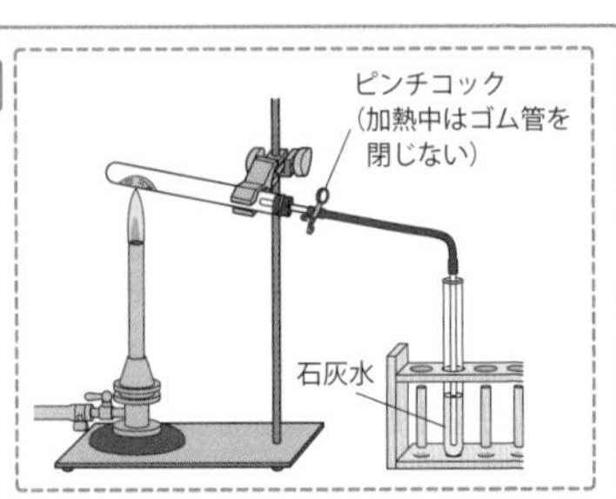

鉄は，鉄鉱石に含まれる酸化鉄を還元してつくっているよ。

問題演習

ゼッタイに押さえるべきポイント

金属と酸素は，反応するときの重さの比が決まっていて，例えば，銅：酸素＝4：1，マグネシウム：酸素＝3：2という割合で反応する。

□酸化銅6.0gは，銅【4.8】gに酸素が【1.2】g結びついてできる。
（浦和明の星女子中・東京農業大学第一高等学校中等部など）

□35gのマグネシウムと20gの酸素を反応させると，【マグネシウム】が【5】g残る。
（明治大学付属明治中など）

□銅粉とマグネシウム粉の混合粉末が13gあり，これを完全に酸化したところ，20gになった。このとき，銅粉は【4】g，マグネシウム粉は【9】gと考えられる。
（明治大学付属中野中・四天王寺中など）

□マグネシウム6gに銅が混ざった混合物が酸素と完全に反応したとき，合計の重さが12gになった。混ざった銅の重さは【1.6】gである。
（江戸川学園取手中など）

□銅粉16gを加熱したところ，18gになった。このとき，反応した銅の重さは【8】gである。
（淳心学院中・ラ・サール中など）

□マグネシウムを燃焼させた後にできる物質は【白】色，銅を酸化させた後にできる物質は【黒】色である。
（東京農業大学第一高等学校中等部など）

□酸化銅と炭素の粉を混ぜ合わせて加熱すると，炭素が酸化銅から【酸素】をうばって【二酸化炭素】ができるとともに，酸化銅は銅に変化する。
（光塩女子学院中等科など）

入試で差がつくポイント 解説➡p157

□木や紙は燃えたあと，もとの木や紙よりも軽い灰になる。これについて，「燃えるものには『フロギストン』がふくまれていて，物が燃えるときに『フロギストン』が空気中に出ていったためである」と考えられていた時代があった。この考え方に合わないことを簡単（かんたん）に書きなさい。
（横浜共立学園中など）

例：スチールウール（金属）は空気中で燃えたあと，燃やす前よりも重くなること。

テーマ66 燃焼　蒸し焼き

要点をチェック

〈木の蒸し焼き〉

- 割りばしなどの木片を，【空気（酸素）】が入らないようにして強く加熱する（蒸し焼きにする）と，空気中で燃やした場合とはちがう結果になる。

〈蒸し焼きの実験装置と結果〉

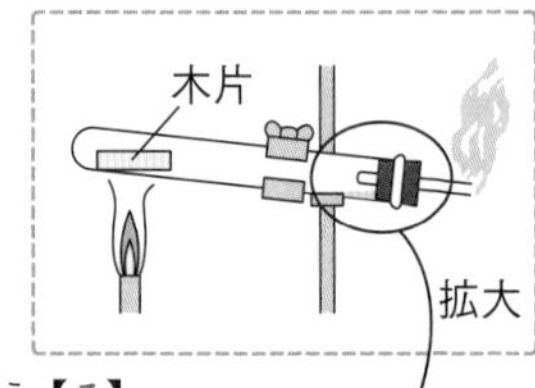

- たまった液体が加熱部分に流れると，試験管が【割れ】てしまうので，試験管の口は【下】に向けておく。
- 【酸素】がないから，木片から炎は上がらない。
- ガラス管の先から**白い煙**が出る。これを【木ガス】という。

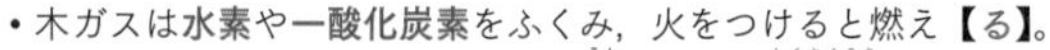

- 木ガスは**水素**や**一酸化炭素**をふくみ，火をつけると燃え【る】。

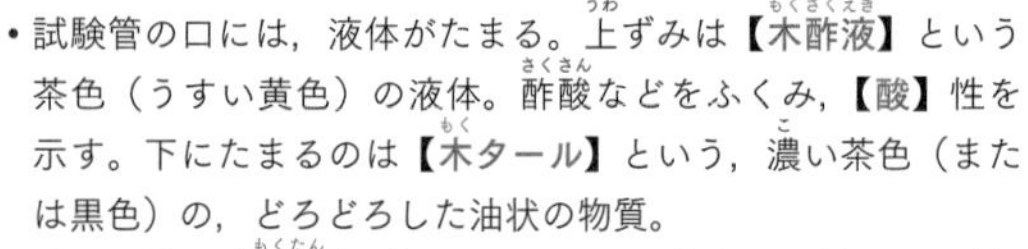

- 試験管の口には，液体がたまる。上ずみは【木酢液】という茶色（うすい黄色）の液体。酢酸などをふくみ，【酸】性を示す。下にたまるのは【木タール】という，濃い茶色（または黒色）の，どろどろした油状の物質。

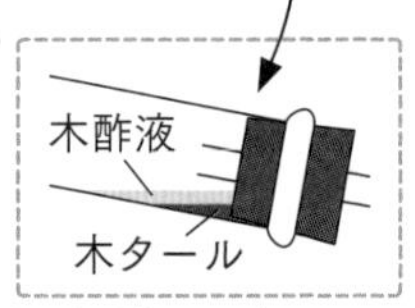

- 残る固体は【木炭】。成分のほとんどが炭素で，燃えると【二酸化炭素】を発生する。
- このような化学反応を**熱分解**という。重曹を加熱して二酸化炭素が発生する反応や，酸化銀を加熱して酸素が発生する反応も熱分解である。

- 木炭は主に【燃料】として使われる。
- 特殊な方法でつくられた**活性炭**は，細かい穴がたくさんあり，**においや汚れを閉じ込める性質**をもつ。
  →**浄水器**のフィルターや冷蔵庫の**脱臭剤**などに使われる。

〈一酸化炭素〉

- 酸素が不足しているところでガスなどを燃やすと，**不完全燃焼**を起こして，**一酸化炭素**が発生することがある。
- **色もにおいもない有毒な気体**なので，非常に危険である。
- 燃えて二酸化炭素になる。

木炭は，燃やしても水蒸気が出ないんだね。

問題演習

ゼッタイに押さえるべきポイント

図1のようにして，試験管の中で木片を加熱した。

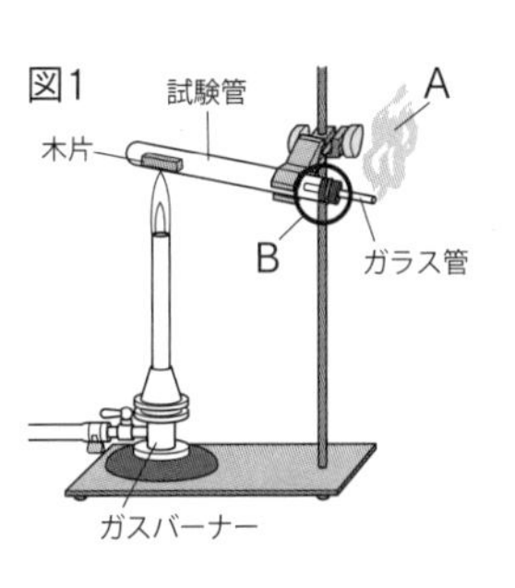

□木片に火がつかないのは，試験管の中に【酸素】がほとんど無いからである。　（東海中など）

□煙Aは【白】色で，火をつけると燃えた。煙Aは【木ガス】という。　（洗足学園中など）

□図2はBの部分の拡大図である。この部分にたまった液体のうち，うすい黄色の液体は【木酢】液といい，【酸】性である。どろどろした茶色の液体は【木タール】という。　（大妻中など）

図2

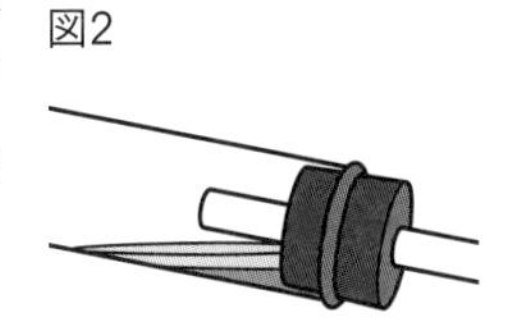

□次のア～エのうち，試験管の口を下げておく理由として適当なものは【イ】である。

ア　対流によって煙を下に送るため。

イ　液体が加熱部分に流れるのをふせぐため。

ウ　試験管に空気を入れないため。

エ　木片をまんべんなく加熱するため。

（早稲田中など）

□加熱後に残った黒い固体は【木炭】である。　（共立女子中など）

□次の①～③を完全燃焼させたときに出てくるものについてあてはまる説明を，あとのア～エの中からそれぞれ1つ選びなさい。

（洗足学園中・桐蔭学園中など）

①スチールウール【エ】　②アルコール【ア】　③木炭【ウ】

ア　二酸化炭素と水蒸気が発生する。　イ　水蒸気だけが発生する。

ウ　二酸化炭素だけが発生する。　エ　二酸化炭素も水蒸気も発生しない。

入試で差がつくポイント 解説➡p157

□木炭を空気中で燃やすと，炎をほとんどあげずに燃える。一方，ろうそくを空気中で燃やすと，炎をあげて燃える。燃え方に違いがあるのはなぜか，燃えているものの状態に注目して，簡単に説明しなさい。

（桜蔭中・東海中など）

例：木炭は固体の炭素が燃えているのに対して，ろうそくは気体のろうが燃えているから。

テーマ67 状態変化 水の状態変化①

要点をチェック

〈氷を一定の割合で加熱したときの温度変化〉

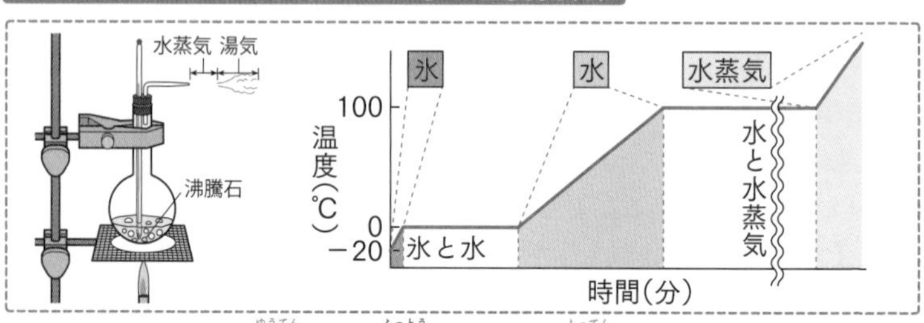

- 氷が水になる温度を【融点】，水が沸騰する温度を【沸点】という。
- 氷と水が混ざっているところ，水と水蒸気が混ざっているところでは，加えられた熱が状態の【変化】に使われるため，温度が【一定】になる。
- 液体を加熱するときは，【沸騰石】を入れて，突沸を防ぐ。
- 先に出てくる小さい泡は，水に溶けていた【空気】。
- 沸騰しているときの大きな泡は【水蒸気】。
- 水蒸気は目に見え【ない】。湯気は見えるから気体ではなく【液体】。
- 水が沸騰するときの温度は，気圧によって変わる。
  例…標高の高い地点では，水の沸点は100℃より【低】くなる。
  　　圧力なべは圧力を高くすることで沸点を【高】くする。

〈水を一定の割合で冷却したときの温度変化〉

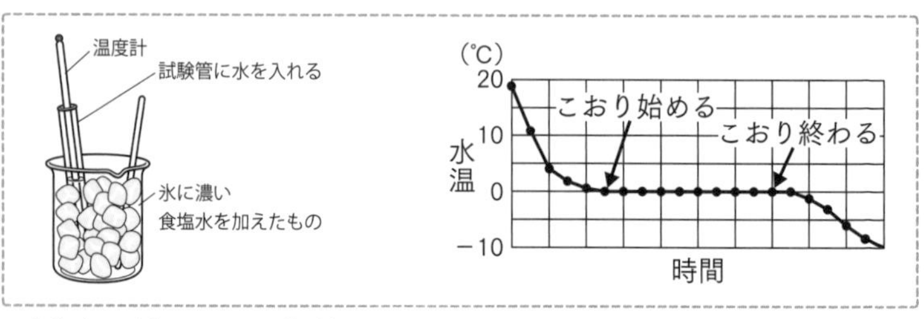

- 食塩水の融点が0℃より【低】いので，氷がとけてまわりの熱をうばう。上の図では，このはたらきを利用して温度を下げている。
- 氷は圧力が加わると，融点が【下】がる（水（氷）の特徴のひとつ）。

アイススケートは氷をとかしながらすべっているんだね。

問題演習

ゼッタイに押さえるべきポイント

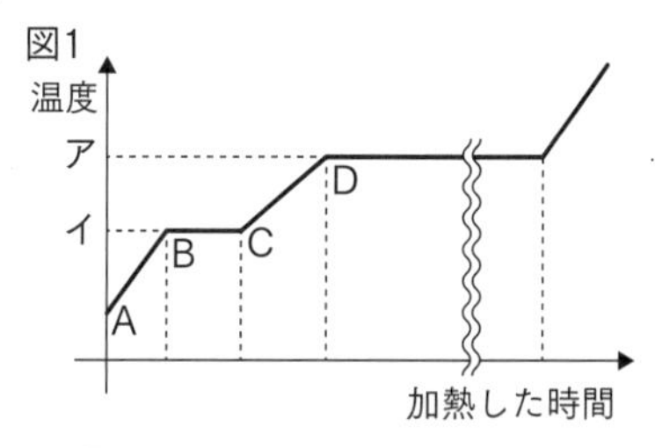

図1

図1は，1気圧の圧力のもとで，氷に一定の熱を加え続けたときの温度変化をグラフに表したものである。

□水などの液体を加熱するときは，【沸騰】石を入れておく。
（洛星中・須磨学園中など）

□図1のアの温度を【沸点】という。イの温度は【0】℃である。（淑徳与野中など）

□区間BCで温度が変わらないのは，加わった熱が氷を【とかす】ために使われるからである。
（雙葉中・土佐中など）

□標高の高い場所など，気圧が低いところでは，図1のアの温度は100℃より【低】くなる。
（栄東中・東京農業大学第一高等学校中等部など）

□区間ABのグラフのかたむきは，区間CDよりも急である。これは，同じ重さで比べた場合,【氷】の方が【水】よりもあたたまりやすいことを示している。
（明治大学付属明治中など）

□区間CDのCに近い方では小さな泡が出てきた。Dに近づくにつれて，大きな泡が出てきた。この小さな泡は主に【空気】で，大きな泡は【水蒸気】である。
（公文国際学園中等部など）

図2

□図2のような装置を使って，水を冷やしたときの温度変化を調べる。ビーカーには氷と，濃い【食塩水】を入れる。
（中央大学附属中など）

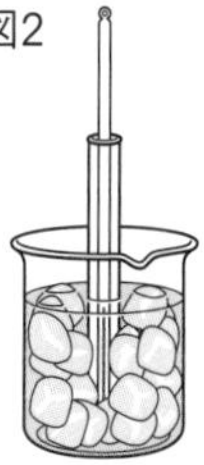

入試で差がつくポイント 解説→p157

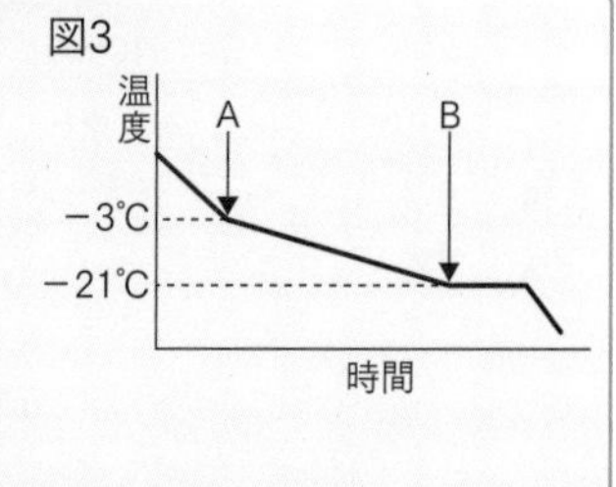

図3

□図3は，食塩水を冷やしたときの時間と温度の関係である。区間ABで温度が下がっている理由を，簡単（かんたん）に説明しなさい。
（横浜雙葉中など）

例：区間ABでは，食塩水中の水がこおって，食塩水がだんだん濃くなっているから。

テーマ68 状態変化
水の状態変化②

要点をチェック

〈物質の状態〉

- 物質には固体・液体・気体の3つの状態があり，【温度】や圧力などの条件によってたがいに移り変わる。この変化を状態変化(じょうたいへんか)という。
- 【固】体は形と体積が決まっている。圧力を加えてもほとんど縮(ちぢ)【まない】。
- 【液】体は，容器によって形が変わるが，体積は決まっていてほとんど縮まない。
- 【気】体は，形も体積も決まっていない。気体は，圧力を加えると縮【む】。

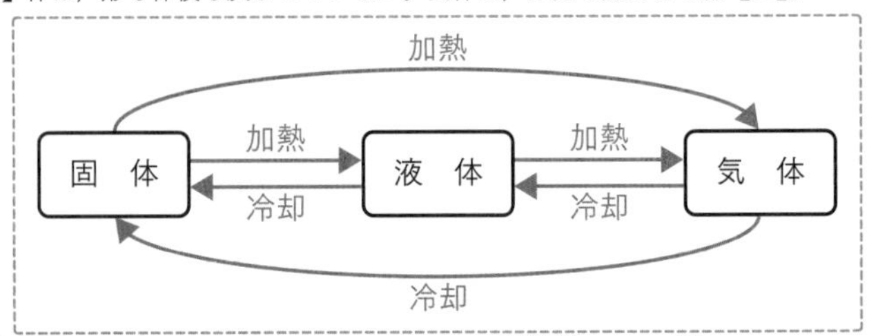

- 蒸発(じょうはつ)は沸点より【低】い温度でも起こる。　例…洗濯物(せんたくもの)が常温で乾(かわ)く
- 水が蒸発するとき，まわりから熱を【吸収】するので，まわりの温度は【下】がる。
- 状態変化では，重さは変化【しない】。体積と密度は変化する。
- 固体の密度が液体より【小さ】い場合，固体は液体に浮く。
- 固体から気体への変化を昇華(しょうか)という。ドライアイスは【二酸化炭素】の固体で，1気圧では−78℃以上で昇華して気体になる。

〈水の状態と体積・密度〉

状態	固体	液体	気体
体積	水の約1.1倍 （水より【大き】い）	【4】℃のときが 最小	水の約1700倍
密度	水より【小さ】い	（【4】℃で最大）	水よりずっと小さい

〈水以外の物質の状態と体積・密度〉

状態	固体	液体	気体
体積	小さい	←→	大きい
密度	大きい	←→	小さい

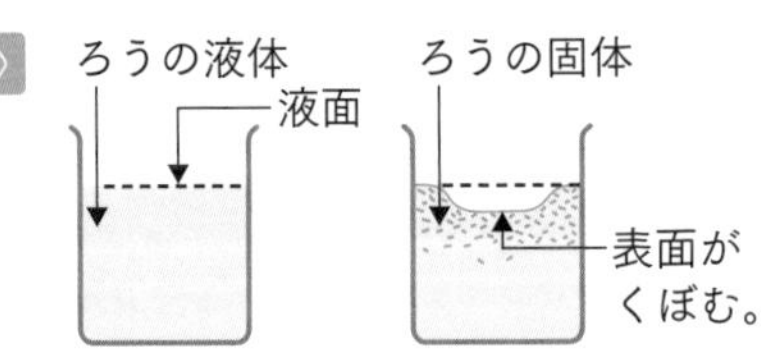

問題演習

ゼッタイに押さえるべきポイント

□ドライアイスのかたまりを空気中に放置したら無くなった。この変化は図1の【D】で【昇華】という。（海城中など）

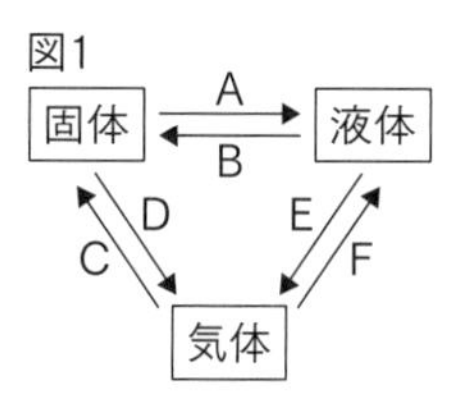

□試験管に水を入れ，水面のところに印をつけてから，冷やして水を氷にした。できた氷の上面は，もとの印より【上】にある。（逗子開成中・大妻中など）

□図2は，固体・液体・気体をつくっている粒（つぶ）の集まり方を示している。気体を表すのは【ウ】，液体を表すのは【イ】である。（学習院中等科・本郷中など）

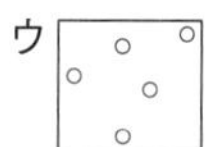

□アルコール消毒で冷たく感じるのは，アルコールが【蒸発】するときに，皮膚（ひふ）から熱を【吸収】するからである。（雙葉中など）

□固体のろうを液体のろうの中に入れると，固体のろうは【沈む】。（慶應義塾中等部など）

□固体のろうをビーカーに入れて加熱し，とかして液面の位置に印をつけたあと冷やして固体にした。このとき，ビーカーの断面は，右の【ウ】のようになっている。（神戸海星女子学院中・鎌倉学園中など）

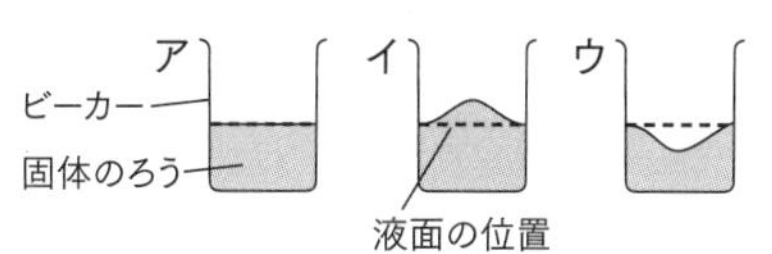

□表は，物質の融点と沸点を表している。40℃ではアは【液】体であり，－60℃で気体のものは【ウ】である。（栄東中など）

物質	ア	イ	ウ	エ
融点	－114℃	－39℃	－210℃	－78℃
沸点	78℃	357℃	－196℃	－33℃

入試で差がつくポイント 解説➡p157

□雲がない空気は100m上昇（じょうしょう）するごとに1℃温度が下がるが，雲がある空気は100m上昇するごとに0.5℃温度が下がる。温度の変化が小さくなる理由を，簡単（かんたん）に説明しなさい。（頌栄女子学院中など）

［例：水蒸気が水にもどって雲になるとき，まわりに熱を放出するから。］

テーマ69 熱 伝導・対流・放射①

要点をチェック

〈熱の伝わり方〉

【伝導】	【固】体を加熱（冷却）したとき，ものの中を熱が伝わる。 2つ以上のものがふれあっているときは，ものの間を熱が伝わる。	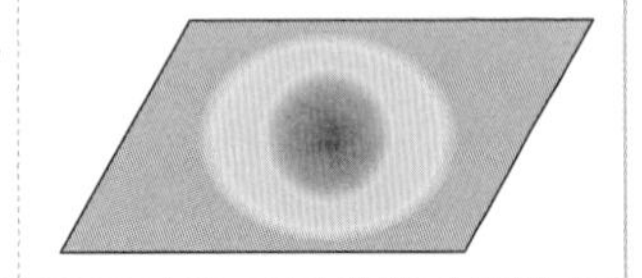
【対流】	【液】体や【気】体などを加熱（冷却）したとき，高温の部分が【上昇】し，低温の部分が【下降】することで，全体に熱が伝わる。	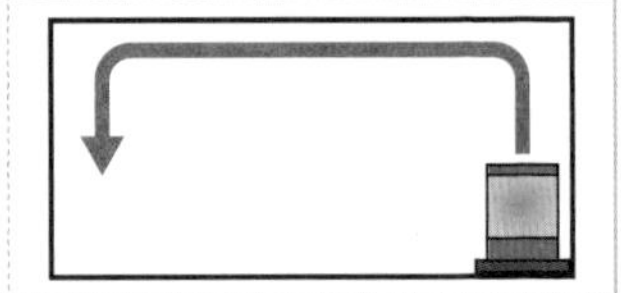
【放射】	【太陽】やたき火などの【光】(赤外線など)が当たったところに熱が伝わる。 【真空】中でも伝わる。光が【反射】されると，熱が伝わりにくい。	

〈熱の移動と比熱，熱量の計算〉

- 温度の高いものと低いものをふれさせると，温度の【高】いほうから【低】い方に熱が移動する。移動した熱の大小は，**熱量**で表す。
- 水1gの温度を1℃上げるために必要な熱量を1cal（カロリー）とよぶ。
  例：100gの水を20℃から45℃に上げるとき，水が得た熱量は【2500】cal
  　　100gの水を60℃から50℃に下げるとき，水が失った熱量は【1000】cal
- 物体1gの温度を1℃上げるときに必要な熱量を**比熱**という。
  比熱が小さいほど，物体はあたたまり【やす】く，冷め【やす】い。
- 一般に，金属は比熱が小さいので，あたたまり【やす】く，冷め【やす】い。
- 水は比熱が大きいので，あたたまり【にく】く，冷め【にく】い。
- 熱の移動が起こったとき，移動した熱量の関係から，次の式が成り立つ。
  （高温の物体の重さ）×（下がった温度）×（高温の物体の比熱）
  ＝（低温の物体の重さ）×（上がった温度）×（低温の物体の比熱）
- 熱量の単位にはcalのほかにJ（ジュール）がある。1cal＝およそ4.2J

calで考えると，
水の比熱は
1になるよ。

問題演習

ゼッタイに押さえるべきポイント

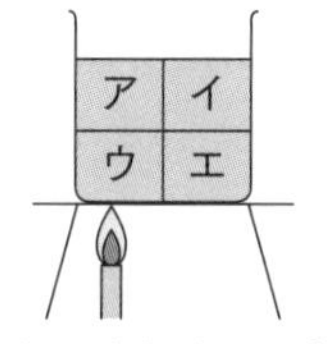

□右図のように，水を入れたビーカーをガスバーナーであたためた。水には，40℃以上で色が変わるインクを加えてある。水の色は，【ウ】→【ア】→【イ】→【エ】の順に変わる。

（大阪教育大学附属池田中・高槻中など）

□次のア～エの現象と最も関係の深い熱の伝わり方は，伝導，対流，放射のどれか。当てはまるものをそれぞれ答えなさい。（同じ語は何度使ってもよい）

（早稲田大学高等学院中学部など）

ア　たき火のそばに立っていると，体があたたまる。
イ　寒い地方では窓を二重にして，室温の低下を防ぐ。
ウ　よく晴れた冬の日の朝は寒い。
エ　エアコンで冷たい風を出すときは吹き出し口を上に向ける。

ア【放射】イ【伝導】ウ【放射】エ【対流】

□60℃の水100gと30℃の水100gを混ぜると【45】℃になる。

（巣鴨中・お茶の水女子大学附属中など）

□メタン1gを完全燃焼させると，13.2kcal（13200cal）の熱が発生する。10℃の水600gを98℃にするためには，メタンを何g完全燃焼させればよいか。ただし，水1gの温度を1℃上げるために必要な熱量を1calとして，発生した熱はすべて水の加熱に使われるものとする。

（ラ・サール中など）【4】g

□熱の伝わり方について，太陽光が地面をあたためるのは【放射】，あたためられた地面が空気をあたためるのは【伝導】である。

（早稲田実業学校中等部など）

入試で差がつくポイント 解説➡p157

□0℃の氷150gを加熱して，60℃の水にする。このとき必要な熱量は何kcalか。ただし，0℃の氷1gを0℃の水に変えるために必要な熱量を80calとし，1kcal＝1000calとする。　（淑徳与野中など）【21】kcal

□水100gを9℃上昇させる熱量で，アルミニウム100gは42℃上昇する。10℃の水100gの中に，95℃のアルミニウム100gを入れたところ，【25】℃で一定となった。　（東邦大学付属東邦中など）

テーマ70 熱 伝導・対流・放射②

要点をチェック

〈伝導とあたたまり方〉

- 伝導の場合，熱は加熱部分を中心として**同心円**状に伝わっていく。下の図は，いずれも×印の点を加熱していて，【ア】→【イ】→【ウ】の順に熱が伝わる。

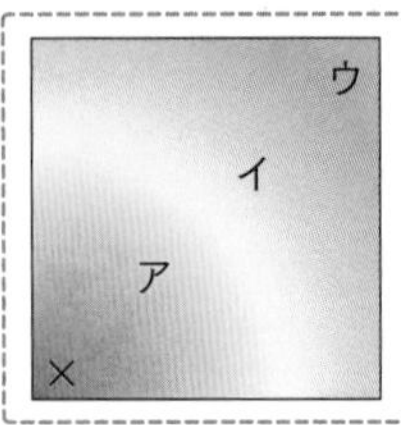

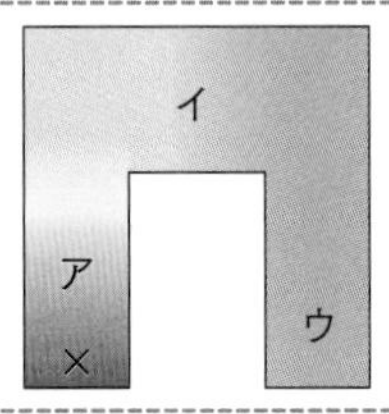

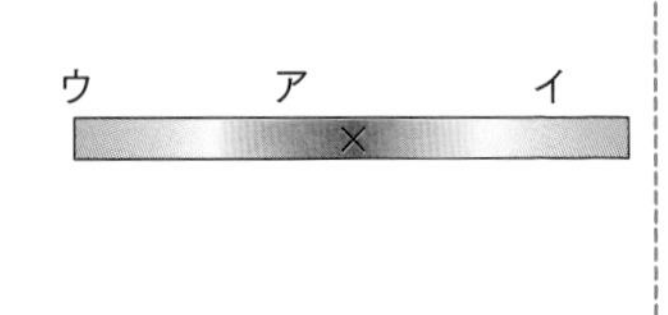

- 熱の伝わりやすさは，金属の種類によってちがう。銀や【銅】は特に熱を伝えやすい。
- 右図のようにして3本の金属棒を同時に加熱すると，ろうがとけてつまようじがすべて落ちるのは，【銅】→【アルミニウム】→【鉄】の順になる。
- 空気は水よりも熱を伝え【にく】い。空気を多くふくむ発泡ポリスチレンや木なども，熱を伝え【にく】い。

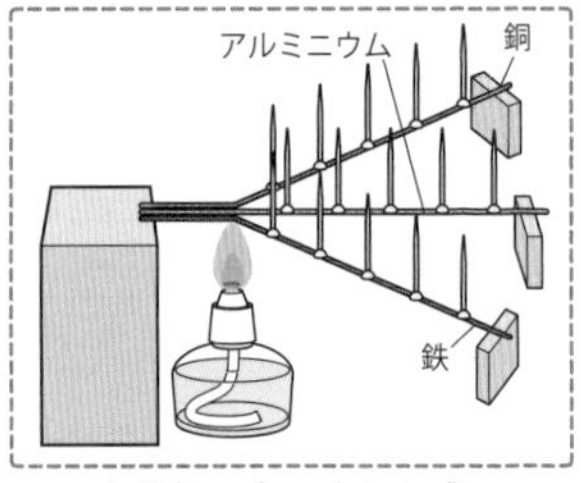

- 15℃の金属板と15℃の発泡ポリスチレン板にさわると，金属板の方が冷たく感じるのは，金属板が熱を伝え【やす】く，熱をより速くうばうからである。
- **魔法びん**は，内部に真空の層がある。この層には熱を伝えるものがほとんどないので，魔法びんの中は，外からの熱が伝わりにくい。

〈対流とあたたまり方〉

- 液体や気体をあたためる（冷やす）場合は，【対流】を利用するとよい。
例…水を加熱するときは【下】の部分を加熱する方が早くあたたまる。
　　エアコンを冷房で使うときは吹き出し口を【上】向きにする。

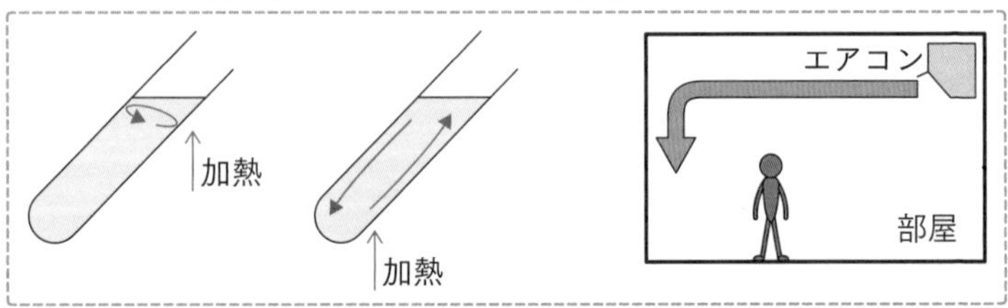

ゼッタイに押さえるべきポイント

□図1のように，銅板上の点ア，イ，ウにろうをぬり，点Aをガスバーナーであたためた。ろうは，【イ】→【ウ】→【ア】の順でとけた。　（フェリス女学院中など）

図1

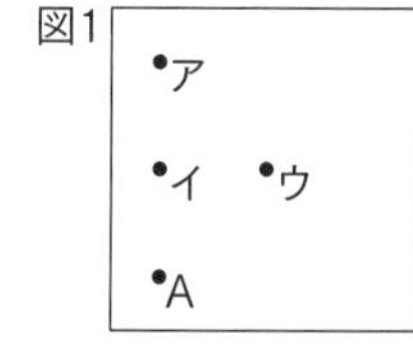

□図2のようにかたむけて固定した鉄の棒上の点エ，オ，カにろうをぬり，点Bをガスバーナーで温めた。ろうは，【オ】→【エ】→【カ】の順でとけた。　（高槻中など）

図2

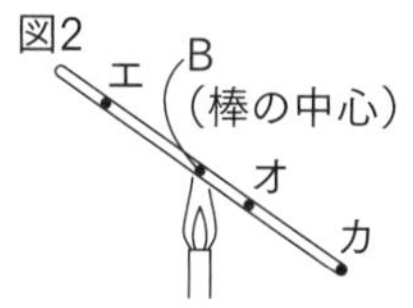

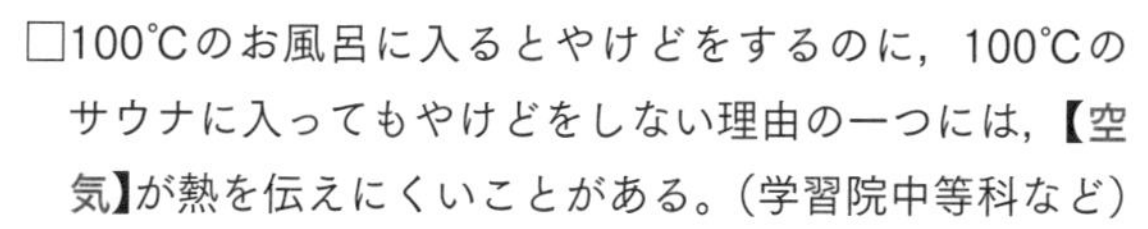

□100℃のお風呂に入るとやけどをするのに，100℃のサウナに入ってもやけどをしない理由の一つには，【空気】が熱を伝えにくいことがある。（学習院中等科など）

□同じ温度の鉄板と発泡ポリスチレン板にさわったところ，鉄板の方が冷たく感じた。これは，鉄板の方が熱を伝え【やすい】ためである。

（女子学院中・雙葉中など）

□電熱線を使って，ビーカーに入った水をあたためる。水全体の温度を早く上げるには，電熱線を図3の【ウ】の位置に固定するとよい。　（桐蔭学園中など）

図3

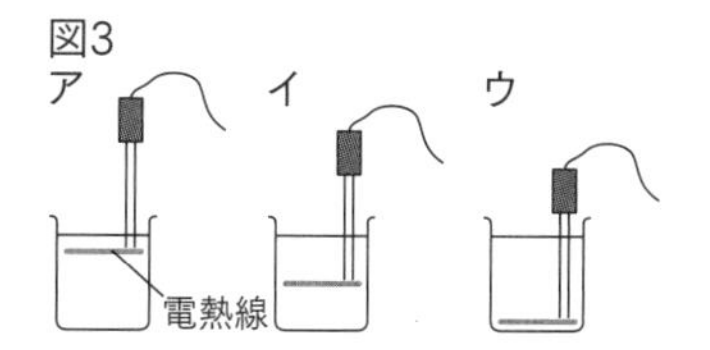

入試で差がつくポイント 解説→p157

□600℃以上に加熱した鉄は，温度に応じて光を出す。例えば，800℃～1000℃付近では，鉄はオレンジ色に光る。このような，温度と光の色が関係する現象はどれか。次のア～エの中から1つ選びなさい。

（世田谷学園中など）

ア　BTB溶液（ビーティービーようえき）の色のちがい　　イ　恒星（こうせい）の色のちがい

ウ　花火の色のちがい　　エ　虹（にじ）の色のちがい

【イ】

□図4はある夏の日の，海水の温度のようすである。このように，水深50m付近で水温が大きく下がっている理由を簡単（かんたん）に説明しなさい。

（渋谷教育学園渋谷中など）

図4

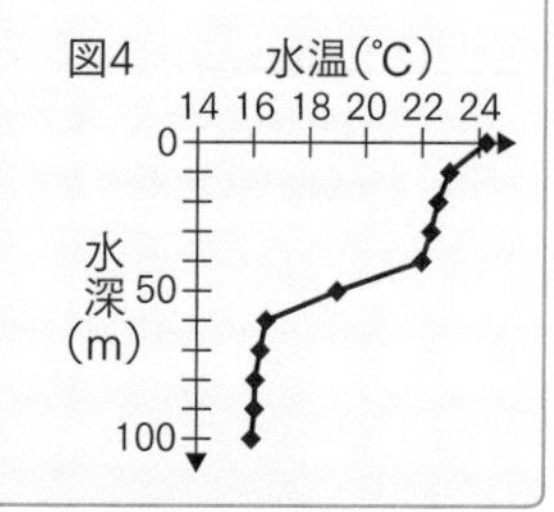

［例：上層にあたたかい水，下層に冷たい水があるので対流が起こりにくく，上層と下層の水が混ざらないから。］

テーマ71 熱膨張

要点をチェック

〈液体や気体の膨張〉

- 液体や気体は，あたためられると体積が【増え】，冷やされると体積が【減る】。
- 体積の変わり方は，液体より気体の方が【大き】い。
- 一般に，体積の変わり方は温度によって変わらない。そのため，【温度計】には灯油やアルコール，水銀などが使われる。【水】は例外で，4℃のときの体積が最も小さい。

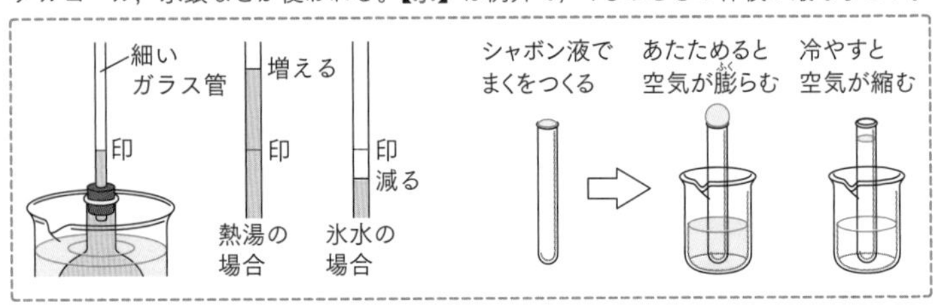

〈固体の膨張〉

- 金属も，あたためられると膨張する。体積の変わり方は，とても【小さ】い。
- 金属の膨張は右のような器具で確かめることができる。常温だと金属球が金属の輪を通過しないが，金属の輪だけを加熱すると，通過する。

金属球
金属の輪
熱せられた後の輪
熱する前の輪

- ガラスも温度によって体積が変化する。体積の変わり方は金属よりも小さい。
- 金属などが膨張する割合を膨張率といい，金属の種類によってちがう。
- 膨張率が異なる2種類の金属板をはり合わせたものを【バイメタル】という。あたためると膨張率が【小さい】方に曲がるので，温度によってスイッチを切りかえる装置（サーモスタット）に使われる。

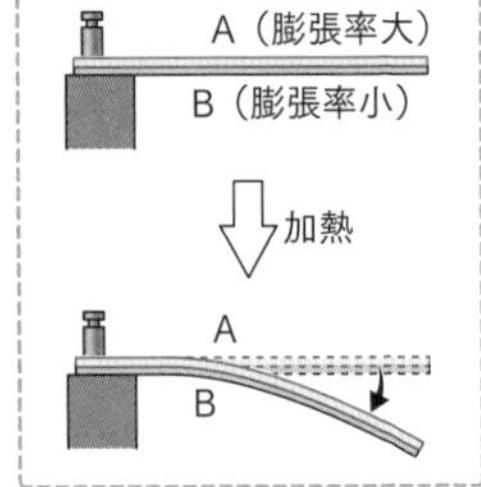

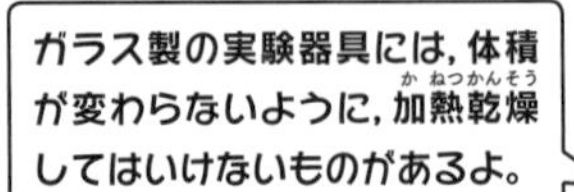

問題演習

ゼッタイに押さえるべきポイント

□温度計の中の液体には，色をつけた灯油などが使われる。これは0℃以下でもこおらないだけでなく，温度に対する体積の増え方が【一定】という性質を利用している。（慶應義塾湘南藤沢中等部など）

□膨張率が異なる2つの金属をぴったりはり合わせたものをバイメタルといい，加熱すると膨張率の違いによって変形する。図1のように変形した場合，膨張率が大きいのは，金属【B】である。（三田国際学園中・帝塚山中など）

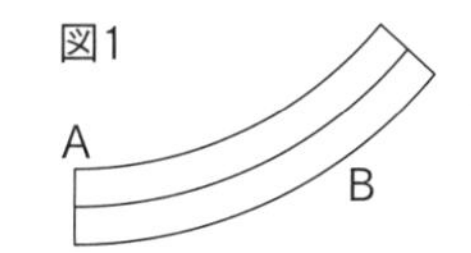

□図2の金属球Xの直径と金属器具Yの輪の内側の直径は同じ長さである。【Y】だけを加熱すると，XがYの輪を通り抜ける。（栄東中・土佐中など）

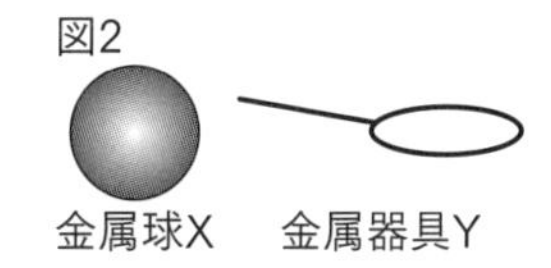

□鉄道のレールは主に鉄でできていて，1℃上がるごとに，0℃のときの長さの0.000012倍のびる。0℃のとき長さ100mだったレールが，ある日0.042mのびていた。この日の気温は【35】℃と考えられる。（桐蔭学園中など）

入試で差がつくポイント

解説➡p157

□ふりこ時計のふりこ（金属製）には，図3のように調節ねじがついていて，おもりの位置を調節することで，ふり子の周期を調節できるようにしてあるものがある。このようにしておく必要があるのはなぜか，簡単(かんたん)に説明しなさい。（横浜共立学園中・普連土学園中など）

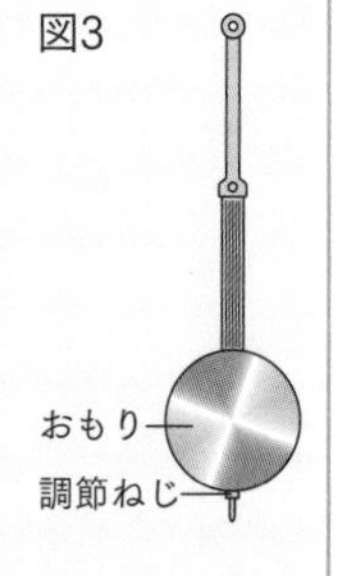

［例：季節によって気温が変わるため，ふり子が膨張（収縮(しゅうしゅく)）して，ふり子の周期が変わってしまうから。］

□ある気体の温度と体積の関係は，表のようになっている。この気体の体積が 0mLになるときの温度を計算で求めると，何℃になるか。

（東京都市大学等々力中・海陽中など）

温度	20℃	10℃	0℃	−10℃
体積	116mL	112mL	108mL	104mL

【−270】℃

入試で差がつくポイントの解説

テーマ01 てこ①

1 台の右端を支点としたときと，台の左端を支点としたときの，それぞれの場合を考える。
2 上の棒(ぼう)の右側にかかる重さは（90＋A)g，100：(90＋A）＝40：60より　90＋A＝150
おもりAの重さは，150－90＝60g　下の棒のつり合いから，
C：B ＝90：60＝3：2，100cmの棒を3：2に分けるから，C＝60cm，B＝40cm

テーマ02 てこ②

1 40×15＋20×6＝40×5＋80×□　これを計算して，□＝6.5cm

テーマ03 てこ③

1 点Cを支点としてモーメントの関係に当てはめる。
2 板の重さとカメの重さの合計が，はかりA，Bの示す値の合計になる。

テーマ04 てこ④

1 重心が，棒の上または机の上からはみ出さないようにする。

テーマ05 てこを使った道具

1 押す部分は力を大きくするために，作用点が中にある。つめを切る部分は，細かい作業ができるように，力点が中にある。

テーマ06 滑車と輪軸①

1 人がひもを引く力と同じ分だけ，人がゴンドラに加えている力が減る。人とゴンドラは合計60kgだから，30kgの力でひもを引けばゴンドラは上がる。この人がひもを引く力の大きさは最大で体重と同じ50kgだから，合計の重さが100kg以内ならば持ち上げられる。

テーマ07 滑車と輪軸②

1 おもりと動滑車(どうかっしゃ)の重さの合計は396kg，動滑車を支えるひもは6本だから，1本あたり66kgを支える。輪軸(りんじく)の外径は内径の3倍だから，ひもを引く力は66÷3＝22kg。支えるひも6本で外径が内径の3倍だから，ひもを引く長さはおもりの上昇分の6×3＝18倍になる。

テーマ08 ばね①

1 おもりの重さが400g増えたとき，ばねののびが8cm増えているから，400：8＝100：2より，100gのおもりでは2cmのびる。よって，17－2＝15cm

テーマ09 ばね②

1 一方のおもりがばねを支えていて，もう一方のおもりがばねを引くと考えられるので，20gのおもり1個をつるしているときと同じだけのびる。

テーマ10 てことばね

1 同じ重さに対するばねののびの比が5：3だから，のびが同じになるときの重さの比は3：5，よって，距離(きょり)の比が5：3になる位置におもりをつるす。

テーマ11 物の浮き沈み①

1 水中の体積が60cm^{3}なので，60gの浮力を受けて浮いている。よって，物体の重さは60g

2 50×1.1＝55gと求めることができる。

3 60g＝50cm^3×□g/cm^{3}より，□＝1.2g/cm^{3}と求めることができる。

テーマ12 物の浮き沈み②

1 （気球内部の空気の重さ（kg）＋荷物の重さ（kg））÷560が1.2未満であればよい。

テーマ13 直列つなぎと並列つなぎ

1 豆電球が直列，乾（かん）電池が並列のものが最（もっと）も長持ちし，豆電球が並列，乾電池が直列のものが最も早く使えなくなる。

テーマ14 オームの法則

1 乾電池の個数が同じだから，並列回路のそれぞれには，同じ大きさの電流が流れる。

テーマ15 特別な回路

1 図の状態から，どの部分のスイッチを切りかえても回路がつながる。

2 オの部分には電流が流れない。

テーマ16 電流計と電圧計の使い方

1 電流計は直列につなぐから，抵抗が大きいと回路に電流が流れない。電圧計は並列につなぐから，抵抗が小さいと，電圧計の方に電流が多く流れてしまう。

テーマ17 静電気

1 束ねたポリプロピレンの糸のそれぞれとアクリル棒が，すべて同じ種類（－（マイナス））の電気をもつので，ウのようにすべて反発し合う。

テーマ18 磁石

1 「小さな磁石」どうしでN極とS極が引きつけ合ってしまう。

テーマ19 磁界と方位磁針

1 導線で方位磁針をはさんだときと同じ状態になる。

テーマ20 コイルと電磁石

1 左上の電池は電磁石の下側がS極に，右上の電池は電磁石の下側がN極になるようにし，左下の電池は電磁石の上側がN極に，また右下の電池は電磁石の上側がS極になるようにする。

テーマ21 電磁石の強さ

1 エナメル線の長さが変わると，抵抗が変わってしまう。

入試で差がつくポイントの解説

テーマ22 モーター

[1] フレミングの左手の法則（図4）を利用する。

[2] 電流の向きが一定の場合，コイルが磁石に引きつけられたままになる。

テーマ23 発電機とコンデンサー

[1] コンデンサーに加える電圧が大きいほど，ハンドルが重くなる。

[2] コンデンサーにたまった電気が，発電機のハンドルを回転させる。

テーマ24 光電池と発光ダイオード

[1] ①〜③が並列につながり，②だけが電流の流れない向きにつながった回路になっている。

テーマ25 電流と発熱①

[1] 水の重さと加熱時間の比を利用する。

テーマ26 電流と発熱②

[1] 図4から，抵抗の比を読みとる。

テーマ27 ふりこ①

[1] より正確にはかるには複数回の平均を使う。おもりが最下点を通過するのを見てからストップウォッチを止めるまでの時間には個人差があるので，同じ人が測定する。コマ送りの場合，時間をコマの数から計算で求めるので，個人差が生じにくい。

[2] それぞれ，全体の重心を考える。

テーマ28 ふりこ②

[1] アとイでは高さが同じだから，おもりが重いイの方が木片は遠くに動く。アとウでは，おもりの重さが同じだから，高さが高い（ふれる角度が大きい）アの方が木片は遠くに動く。

テーマ29 斜面を転がる運動①

[1] 木球の高さが鉄球の高さの16倍，つまり4×4倍になっているから，木球の速さは鉄球の速さの4倍。

テーマ30 斜面を転がる運動②

[1] 運動エネルギーが位置エネルギーに変換（へんかん）されるので，ぶつかった直後のプラスチック球の速さが速いほど，プラスチック球は高く上がる。球が重いほど，球をはなす高さが高いほど，ぶつかった直後のプラスチック球は速くなる。

テーマ31 投げられたボールの運動

[1] 速さが2倍，3倍，…になると，距離（きょり）が2倍，3倍，…になっている。よって，時速108kmで投げたときの移動距離は，時速9kmのときの12倍。

テーマ32 速度と加速度

1 0～2秒の2秒間で台車は20cm移動したから，平均すると，毎秒20÷2＝10cm
0～3秒の3秒間で台車は45cm移動したから，平均すると，毎秒45÷3＝15cm
0～1秒の1秒間での平均の速さは毎秒5cmだから，比例している。

テーマ33 光の反射

1 兄が全身を見るためには，鏡の上端が床から155cm以上，下端が床から75cm以下の位置にくるように設置すればよく，弟が全身を見るためには，鏡の上端が床から115cm以上，下端が床から55cm以下になるように設置すればよい。したがって，下端が床から55cmで，上端が床から155cmであればよい。

テーマ34 光の屈折

1 主虹は図1，副虹は図2のように光が反射・屈折する。地上からの見え方は，角アと角イ，角ウと角エの大きさをそれぞれ比べて決める。
図1では角イの方が大きいので赤が外（上）側，
図2では角エの方が大きいので紫が外（上）側。

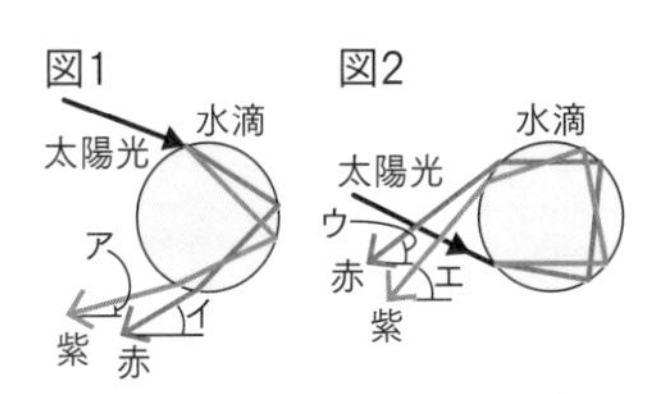

テーマ35 凸レンズ

1 焦点（しょうてん）から焦点距離の2倍の間の位置だから，凸レンズの反対側に実像ができる。
公式 $\frac{1}{a}+\frac{1}{b}=\frac{1}{f}$ に，a＝12とf＝8を当てはめて，b＝24

2 レンズの中心からの距離の比と像の大きさの比が等しいから，像の高さを□cmとおくと，
12：24＝6：□　□＝12cm

テーマ36 光の直進

1 30°の三角定規の直角三角形は，最も長い辺の長さが，最も短い辺の長さの2倍である。右図のように考えると，60°のときの影の長さは，30°のときの影の長さの $\frac{1}{3}$ である。

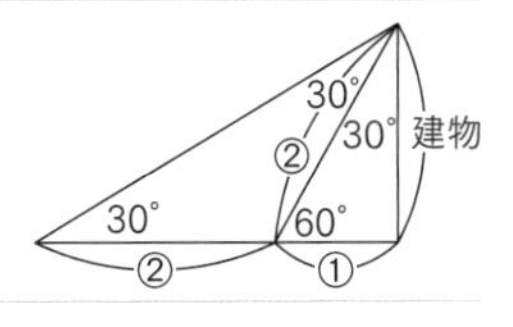

テーマ37 明るさの変化

1 鏡2で反射した光は鏡1でも反射するが，この反射光はスクリーンには当たらない。

テーマ38 光の三原色と光の速さ

1 毎秒10回転ということは，1回転するのに0.1秒かかる。歯の数が1000だから，ある歯が通過してから次の歯が通過するまでにかかる時間は0.1÷1000より，10000分の1秒。したがって，歯の間が通過してからとなりの歯が来るまでの時間は，20000分の1秒。その間に光は7500mを1往復しているから，15000m，つまり15km進んでいる。
$15\div\left(\frac{1}{20000}\right)=300000$　より，秒速30万km

入試で差がつくポイントの解説

テーマ39 音の三要素

1 弦の長さが2倍，3倍となっているとき，おもりの個数は(2×2＝)4倍，(3×3＝)9倍になっているから，80cmのときのおもりの個数は40cmのときの4倍で，16個（1個のときの4×4＝16倍で16個と考えてもよい）。

テーマ40 音の速さ

1 点Aで汽笛を鳴らした瞬間から，反射した音を聞くまでの10秒間で，音は336×10＝3360m，船は14×10＝140m進んでいる。この合計，3360＋140＝3500mが，点Aから岸壁（がんぺき）までの距離（きょり）の2倍だから，点Aから岸壁までの距離は1750m。したがって，10秒後の船の位置は，岸壁から1750－140＝1610mとなる。

テーマ41 酸性水溶液

1 塩酸に溶（と）けているのは気体の塩化水素だから，水を蒸発（じょうはつ）させると何も残らない。

2 アルミニウムは塩酸にも水酸化ナトリウム水溶液にも溶ける。鉄は塩酸にだけ溶ける。銅はどちらにも溶けない。

テーマ42 アルカリ性水溶液

1 アルミニウムは水酸化ナトリウム水溶液に溶けて，水素が発生する。

2 二酸化炭素が溶け込んだ地下水によって，石灰岩が溶ける。このようにしてできた空洞を鍾乳洞（しょうにゅうどう）という。

テーマ43 中性水溶液

1 水の沸点が上がるということは，水が蒸発しにくくなるということでもある。

2 加熱している間，フラスコの中の空気は膨張（ぼうちょう）しているので，ガラス管から外に出ている。冷やされると空気は収縮（しゅうしゅく）するので，出ていった空気の分だけ圧力が下がる。

テーマ44 電解質

1 電池2個の直列つなぎになっているから，1個のときより大きな電流が流れる。したがって，音は大きくなる。電流が強くなるから，亜鉛板はたくさん溶ける。

テーマ45 水溶液の分類

1 Aは酸性の水溶液，Bは気体が溶けている水溶液，Cはにおいがある水溶液。
2つ以上の円が重なっている部分は，それぞれにあてはまる。

テーマ46 水溶液と金属との反応

1 1gすべてが鉄だった場合，発生する気体は500mL，すべてがアルミニウムだった場合，発生する気体は1000mL。アルミニウムの割合が増えるごとに，気体の体積は右のグラフのように変わる。
ア：イ＝ウ：エ＝65：35より，アルミニウムは0.65g。

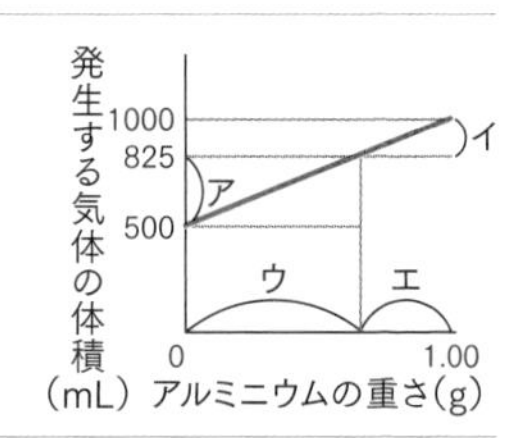

テーマ47 指示薬

1 ムラサキイモの粉が，ムラサキキャベツ液と同じように指示薬としてはたらくことに注目する。重曹（じゅうそう）は弱いアルカリ性だが，加熱によって分解して，アルカリ性が強くなる。

テーマ48 中和反応①

1 Bが中性だから，体積の比が2：1のとき完全中和する。AとCを混ぜたときの体積の比は，$80cm^3$：$50cm^3$だから，水酸化ナトリウム水溶液があまる。よって，BTB溶液は青色。あまった$10cm^3$分の水酸化ナトリウム水溶液を中和するには，塩酸があと$20cm^3$必要。

テーマ49 中和反応②

1 加える水酸化ナトリウム水溶液は10℃だから，完全中和したあと，さらに水酸化ナトリウム水溶液を加えると，水温は下がる。

テーマ50 中和反応③

1 アは塩酸を加えていないから，8%の水酸化ナトリウム水溶液$10cm^3$にふくまれる水酸化ナトリウムの重さで，10×0.08＝0.8g　表のアに0.8gを当てはめると$10cm^3$ずつ混ぜたときに完全中和していることがわかるので，イは，食塩1.18gと，あまった水酸化ナトリウム0.8gの合計，1.98gとなる。

テーマ51 酸素の性質

1 もともと酸素が入っていない場合，酸化防止剤は必要ない。

テーマ52 酸素の発生実験

1 分解反応の前後で，重さの合計は変わらない。68g－36g＝32g

2 240mLは24Lの100分の1。0.68g÷0.04＝17

3 過酸化水素が二酸化マンガンにふれる表面積が大きくなるので，分解が速くなる。

テーマ53 二酸化炭素の性質

1 180mL＝0.18L，0.4÷0.18＝2.222…g

2 水上置換法では，水に溶けた分だけ容器に集まる気体の体積が減る。わる数（体積）が小さくなるので，商（1Lあたりの重さ）は大きくなる。

テーマ54 二酸化炭素の発生実験

1 石灰石2.5gがすべて炭酸カルシウムだったとき発生する二酸化炭素の体積は$240×2.5＝600cm^3$だから，炭酸カルシウムがふくまれる割合は，480÷600×100＝80%

テーマ55 水素の性質と発生実験

1 水素11kgが完全燃焼するのに必要な酸素は88kg。酸素88kgをふくむ空気の重さは，88÷0.22＝400kg

入試で差がつくポイントの解説

テーマ56 気体の集め方

1 集気びんには二酸化炭素が集まり，メスシリンダーには発生した二酸化炭素の体積と加えた塩酸の体積の合計とほぼ同じ体積の空気が集まる。二酸化炭素は水に少し溶けるが空気は水にほとんど溶けないので，直接つないだときよりも，発生した二酸化炭素の体積を正確にはかることができる。

テーマ57 アンモニア

1 水酸化ナトリウムでもよい。

2 この反応では，水が発生する。
（水酸化カルシウム＋塩化アンモニウム→塩化カルシウム＋水＋アンモニア）
ガラスは急激な温度変化を受けると割れてしまう。

テーマ58 プラスチック

1 半径1.5cmの円柱とみると，体積は1.5×1.5×3.14×1.5＝10.59…より約10.6cm^3，空間部分が8cm^{3}だから，ふたの体積は約2.6cm^{3}で，重さが2.35gより，密度は2.35÷2.6＝0.903…より約0.90g/cm^3 したがって，ポリプロピレンである。

テーマ59 ものの溶け方①

1 60℃の水4Lに2気圧で溶ける二酸化炭素の重さは，表の「60℃, 2気圧」の値の4倍だから，1.4×4＝5.6g。20℃，4気圧にしたときに溶ける二酸化炭素の重さは，同じように考えて，6.8×4＝27.2gだから，さらに溶ける二酸化炭素の重さは，27.2－5.6＝21.6g

テーマ60 ものの溶け方②

1 20℃の水80gには，食塩が$36\times\frac{80}{100}$＝28.8gまで，ホウ酸が$5\times\frac{80}{100}$＝4gまで溶ける。
よって，食塩はすべて溶けて，ホウ酸が，7－4＝3g溶け残る。

テーマ61 取り出し方・ろ過の方法

1 ろ紙を4つ折りにしてろうとにセットすると，見える面はとなり合う四分円になっている。

2 40℃のミョウバンの飽和水溶液の濃さは23.8÷(100＋23.8)×100＝約19.22％なので，40℃のミョウバンの飽和水溶液200gにはミョウバンが，200×19.22÷100＝38.44g溶けている。つまり，この水溶液に水は，200－38.44＝161.56g使われている。また，20℃の飽和水溶液において，ミョウバンの重さ：水の重さ＝11.4：100だから，50gを蒸発させたあとの，20℃の水111.56gに溶けているミョウバンの重さを□gとおくと，□：111.56＝11.4：100より，□＝約12.72g。出てきたミョウバンの重さは，38.44－12.72＝25.72g

テーマ62 濃さの計算

1 硫酸の重さの合計は，200×0.9＋300×0.2＝240g。水溶液は400gになる。

2 水は50gだから，溶ける物質Xの重さは表の値の半分になる。40℃でろ過した後の水溶液には，物質Xは6g溶けている。これを10℃に冷やすと，物質Xは2gまでしか溶けないから，4g出てくる。上ずみは10℃の飽和水溶液だから，4÷104×100＝3.84…％

テーマ63 ものの燃え方

1 空気には酸素が混ざっている。飛行機はとても速いので，着陸するときタイヤに発生する摩擦熱も大きくなり，タイヤに使われているゴムが燃えるおそれがある。

テーマ64 ろうそくの燃え方

1 ろうそくは，液体のろうが芯を伝わって，気体に変わってから燃えている。

2 宇宙ステーションの中は重力がほとんど無いので，空気があたためられても炎のまわりで上昇気流が起こらず，ろうそくの炎は球形（半球形）になる。

テーマ65 金属の燃焼

1 ものが燃えてフロギストンがぬけたら，フロギストンの重さの分だけ軽くなるはずだから，鉄などの金属が燃えると燃える前より重くなることとは，つじつまが合わない。

テーマ66 蒸し焼き

1 気体が燃えるときは，気体と酸素が混ざって燃えるので，炎が上がる。
固体が燃える場合，酸素は固体の表面にしかふれないので，炎が上がりにくい。

テーマ67 水の状態変化①

1 食塩水を冷やすと，水だけが先にこおり始める。残った部分は濃くなっていく。ある温度より下がると，食塩水としてこおる。

テーマ68 水の状態変化②

1 水が蒸発するときとは逆に，水蒸気が水にもどるときは，まわりに熱を放出する。

テーマ69 伝導・対流・放射①

1 0℃の氷150gを0℃の水に変えるために，80×150＝12000cal，0℃の水150gを60℃にするために，150×60＝9000cal必要。合計21000cal＝21kcal

2 100gの水を9℃上昇させる熱量でアルミニウム100gが42℃上昇するから，水の比熱を1とすると，アルミニウムの比熱は$\frac{9}{42}=\frac{3}{14}$となる。一定になった温度をt℃とすると，
$100\times(95-t)\times\frac{3}{14}=100\times(t-10)\times1$　より，t＝25

テーマ70 伝導・対流・放射②

1 アは水溶液の性質，ウは花火に含まれる金属の種類，エは屈折角の大きさのちがいによる。

2 対流がさまたげられると，温度差が大きくなる。

テーマ71 膨張

1 ふりこの周期は，ふりこの長さが変わると変化する。

2 10℃下がるごとに4mLずつ減るから，体積が0mL，つまり0℃のときから108mL減るとき，温度は，108÷4＝27より，0℃のときより270℃低くなる。なお，この温度は絶対零度とよばれていて，約−273℃であることが知られている。

おわりに

ここまで，よくがんばりました！　学習したことをおさらいしていきましょう。

力・運動・電気・光（物理）分野でついた実力

運動の問題を解いてみましょう。ルールに気づくことはできるでしょうか？

金属製のおもりAとBを，図のように同じ長さの細い糸でつるし，まっすぐに衝突(しょうとつ)するようにして，ふりこ運動をさせます。

Aを20g，Bを30gとし，Aを左側25cmの高さからはなして止まっているBに衝突させると，Aは左側1cmの高さまで上がり，Bは右側16cmの高さまで上がりました（図1）。また，Aを30g，Bを70gとし，Aを左側25cmの高さからはなして，止まっているBに衝突させると，Aは左側4cmの高さまで上がり，Bは右側9cmの高さまで上がりました（図2）。

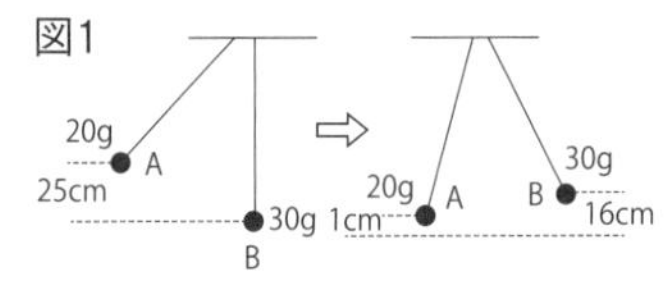

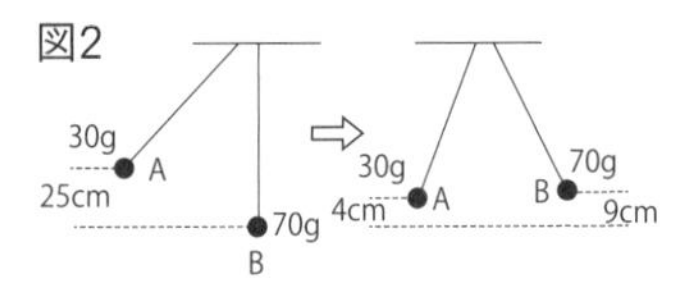

（1）　Aを10g，Bを40gとし，Aを左側25cmの高さからはなして，止まっているBに衝突させると，Aは左側9cmの高さまで上がりました。Bは何cmの高さまで上がると考えられますか。

（2）　Aを10g，Bを30gとし，Aを左側20cmの高さからはなして，止まっているBに衝突させると，AとBは同じ高さまで上がりました。その高さは何cmになると考えられますか。

図1から20×25だったものが衝突後に20×1と30×16になっていて，実験前後で合計は変わっていないことがわかります。同様に図2では30×25が30×4と70×9となっています。このことから考えて，(1)は，10×25と10×9＋40×□が等しくなればよいことがわかり，□＝4cmであることがわかります。

(2)は，10×20が10×□＋30×□になることから□は5cmになります。さぁどうですか，運動のルールを見つけることはできましたか？

物質・エネルギー（化学）分野でついた実力

次のような問題を解くことができるようになったか，試してみましょう。

A～Hの水溶液について，次の（1）～（5）の問いに答えなさい。

A　塩酸　　B　ホウ酸水　　C　アンモニア水　　D　砂糖水

E　食塩水　　F　酢　　G　水酸化カルシウム水溶液（石灰水）

H　水酸化ナトリウム水溶液

（1）BTB溶液を加えると黄色になる水溶液をすべて選びなさい。

（2）2つの水溶液を混ぜあわせたときに，食塩水ができる組み合わせを選びなさい。

（3）固体を水に溶かしてつくられる水溶液をすべて選びなさい。

（4）スチールウールを入れるとすぐに気体を発生する水溶液を選びなさい。

（5）(4)で発生した気体を集める方法の名前を答えなさい。

(1)は，酸性の水溶液を選べばよいのだからA，B，Fです。(2)は中和反応を起こして食塩水ができる組み合わせだからAとHです。(3)は，水を蒸発させると固体が出てくる水溶液を選べばよいからB，D，E，G，Hですね。(4)は，スチールウールは鉄。鉄とすぐに反応する水溶液はAだけですよね。(5)は，発生した気体は水素だから水上置換法を使うとよいのでしたね。

次のような計算問題はできるでしょうか？

100gの三角フラスコに1gの二酸化マンガンを入れ，上から過酸化水素水50gを加えて酸素を発生させました。発生が完全に終わった後，全体の重さをはかると149.4gありました。これについて，それぞれの問いに答えなさい。ただし，過酸化水素68gからは酸素が32g（体積で24Ｌ）発生し，水が36g残ります。

（1）この実験で発生した酸素は何gですか。

（2）(1)の酸素の体積は何Ｌですか。

（3）過酸化水素水50gの中に何gの過酸化水素がふくまれていますか。

(1)は，100＋1＋50＝151gだったのが気体の発生後に149.4gになっていることから発生した気体は151－149.4＝1.6gとなります。(2)は，32gが24Lなのだから1.6gは1.2Lであることがわかります。(3)は，過酸化水素68gから酸素は32g発生するので，酸素を1.6g発生させるためには3.4gの過酸化水素があったことがわかります。

これらの問題をきちんと解くことができたなら，それはこの本を完璧に仕上げられた証拠です。ていねいに復習してしっかりと仕上げていこう。合格はもう君たちの目の前にある！

監修　相馬英明

相馬英明（そうま　ひであき）
スタディサプリ・Z会エクタス栄光ゼミナール講師。スタディサプリ小学講座では、理科の応用（中学受験）コースを担当。
Z会エクタス・栄光ゼミナールにて、40年以上、理科を専門として教え続けている。栄光ゼミナールでは、最優秀教師賞7年連続受賞。全国指導力コンテスト大会4年連続準優勝。圧倒的な経験に裏打ちされた、わかりやすく熱い講義を展開している。

改訂版　中学入試にでる順　理科
力・運動・電気・光、物質・エネルギー

2024年 4 月12日　初版発行

監修／相馬 英明

発行者／山下 直久

発行／株式会社KADOKAWA
〒102-8177　東京都千代田区富士見2-13-3
電話　0570-002-301（ナビダイヤル）

印刷所／株式会社加藤文明社印刷所

製本所／株式会社加藤文明社印刷所

●お問い合わせ
https://www.kadokawa.co.jp/（「お問い合わせ」へお進みください）
※内容によっては、お答えできない場合があります。
※サポートは日本国内のみとさせていただきます。
※Japanese text only

定価はカバーに表示してあります。

ISBN 978-4-04-606650-3　C6040